# 工业机器人
# 安装、调试与维护
## （第2版）

总主编　谭立新

主　编　谭立新　阙正湘

副主编　谭玮彬　彭梁栋

北京理工大学出版社

**BEIJING INSTITUTE OF TECHNOLOGY PRESS**

## 内 容 简 介

　　本书主要以瑞士的 ABB、德国的 KUKA 为例，讲解这两大类工业机器人在现场应用中的安装调试与维护保养。全书为项目任务式，学习者根据项目完成任务，一边操作一边学习，这样才能事半功倍地吸收知识。其中项目 1 和项目 2 主要讲解工业机器人在现场应用中对外设的硬件连接及一些自动零点校正与内部电池的更换。项目 3 主要讲解工业机器人在投入现场环境前，进行一个实地与软件上的功能仿真，以确保现场实施中失误最少，加快工程进度。项目 4、项目 5 和项目 6 主要讲解对工业机器人的关键部件的认识、拆卸、更换及维护保养。书中内容简明扼要、图文并茂、通俗易懂，并配合有湖南科瑞迪教育发展公司提供的 MOOC 平台在线教学视频（www.moocdo.com）。本书可作为高等职业院校的教材，同时也可供工业机器人操作者参考。

## 图书在版编目（C I P）数据

工业机器人安装、调试与维护 / 谭立新，阙正湘主编. --2 版. --北京：北京理工大学出版社，2021.9
　ISBN 978-7-5763-0429-9

Ⅰ. ①工… Ⅱ. ①谭… ②阙… Ⅲ. ①工业机器人–安装②工业机器人–调试方法③工业机器人–维修 Ⅳ. ①TP242.2

中国版本图书馆 CIP 数据核字（2021）第 200087 号

出版发行 / 北京理工大学出版社有限责任公司
社　　址 / 北京市海淀区中关村南大街 5 号
邮　　编 / 100081
电　　话 / （010）68914775（总编室）
　　　　　（010）82562903（教材售后服务热线）
　　　　　（010）68944723（其他图书服务热线）
网　　址 / http://www.bitpress.com.cn
经　　销 / 全国各地新华书店
印　　刷 / 三河市天利华印刷装订有限公司
开　　本 / 787 毫米×1092 毫米　1/16
印　　张 / 16
字　　数 / 372 千字
版　　次 / 2021 年 9 月第 2 版　2021 年 9 月第 1 次印刷
定　　价 / 73.00 元

责任编辑 / 封　雪
文案编辑 / 封　雪
责任校对 / 刘亚男
责任印制 / 施胜娟

# 总 序

2017 年 3 月，北京理工大学出版社首次出版了工业机器人技术系列教材，该系列教材是全国工业和信息化职业教育教学指导委员会研究课题《系统论视野下的工业机器人技术专业标准与课程体系开发》的核心成果，其针对工业机器人本身特点、产业发展与应用需求，以及高职高专工业机器人技术专业的教材在产业链定位不准、没有形成独立体系、与实践联系不紧密、教材体例不符合工程项目的实际特点等问题，提出运用系统论基本观点和控制论的基本方法，在系统全面调研分析工业机器人全产业链基础上，提出了工业机器人产业链、人才链、教育链及创新链"四链"融合的新理论，引导高职高专工业机器人技术建设专业标准及开发教材体系，在教材定位、体系构建、材料组织、教材体例、工程项目运用等方面形成了自己的特色与创新，并在信息技术应用与教学资源开发上做了一定的探索。主要体现在：

一是面向工业机器人系统集成商的教材体系定位。主体面向工业机器人系统集成商，主要面向工业机器人集成应用设计、工业机器人操作与编程、工业机器人集成系统装调与维护、工业机器人及集成系统销售与客服五类岗位，兼顾智能制造自动化生产线设计开发、装配调试、管理与维护等。

二是工业应用系统集成核心技术的教材体系构建。以工业机器人系统集成商的工作实践为主线构建，以工业机器人系统集成的工作流程（工序）为主线构建专业核心课程与教材体系，以学习专业核心课程所必需的知识和技能为依据构建专业支撑课程；以学生职业生涯发展为依据构建公共文化课程的教材体系。

三是基于"项目导向、任务驱动"的教学材料组织。以项目导向、任务驱动进行教学材料组织，整套教材体系是一个大的项目——工业机器人系统集成，每本教材是一个二级项目（大项目的一个核心环节），而每本教材中的项目又是二级项目中一个子项（三级项目），三级项目由一系列有逻辑关系的任务组成。

四是基于工程项目过程与结果需求的教材编写体例。以"项目描述、学习目标、知识准备、任务实现、考核评价、拓展提高"六个环节为全新的教材编写体例，全面系统体现工业机器人应用系统集成工程项目的过程与结果需求及学习规律。

该教材体系系统解决了现行工业机器人教材理论与实践脱节的问题，该教材体系以实践为主线展开，按照项目、产品或工作过程展开，打破或不拘泥于知识体系，将各科知识融入项目或产品制作过程中，实现了"知行合一""教学做合一"，让学生学会运用已知的知识和已经掌握的技能，去学习未知的专业知识和掌握未知的专业技能，解决未知的生产实际问题，符合教学规律、学生专业成长成才规律和企业生产实践规律，实现了人类认识自然的本原方式的回归。经过四年多的应用，目前全国使用该教材体系的学校已超过140所，用量超过十万多册，以高职院校为主体，包括应用本科、技师学院、技工院校、中职学校及企业岗前培训等机构，其中《工业机器人操作与编程（KUKA）》获"十三五"职业教育国家规划教材和湖南省职业院校优秀教材等荣誉。

随着工业机器人自身理论与技术的不断发展、其应用领域的不断拓展及细分领域的深化、智能制造对工业机器人技术要求的不断提高，工业机器人也在不断向环境智能化、控制精细化、应用协同化、操作友好化提升。随着"00"后日益成为工业机器人技术的学习使用与设计开发主体，对个性化的需求提出了更高的要求。因此，在保持原有优势与特色的基础上，如何与时俱进，对该教材体系进行修订完善与系统优化成为第2版的核心工作。本次修订完善与系统优化主要从以下四个方面进行：

一是基于工业机器人应用三个标准对接的内容优化。实现了工业机器人技术专业建设标准、产业行业生产标准及技能鉴定标准（含工业机器人技术"1+X"的技能标准）三个标准的对接，对工业机器人专业课程体系进行完善与升级，从而完成对工业机器人技术专业课程配套教材体系与教材及其教学资源的完善、升级、优化等；增设了《工业机器人电气控制与应用》教材，将原体系下《工业机器人典型应用》重新优化为《工业机器人系统集成》，突出应用性与针对性及与标准名称的一致性。

二是基于新兴应用与细分领域的项目优化。针对工业机器人应用系统集成在近五年工业机器人技术新兴应用领域与细分领域的新理论、新技术、新项目、新应用、新要求、新工艺等对原有项目进行了系统性、针对性的优化，对新的应用领域的工艺与技术进行了全面的完善，特别是在工业机器人应用智能化方面进一步针对应用领域加强了人工智能、工业互联网技术、实时监控与过程控制技术等智能技术内容的引入。

三是基于马克思主义哲学观与方法论的育人强化。新时代人才培养对教材及其体系建设提出了新要求，工业机器人技术专业的职业院校教材体系要全面突出"为党育人、为国育才"的总要求，强化课程思政元素的挖掘与应用，在第2版教材修订过程中充分体现与融合运用马克思主义基本观点与方法论及"专注、专心、专一、精益求精"的工匠精神。

四是基于因材施教与个性化学习的信息智能技术融合。针对新兴应用技术及细分领域及传统工业机器人持续应用领域，充分研究高职学生整体特点，在配套课程教学资源开发方面进行了优化与定制化开发，针对性开发了项目实操案例式MOOC等配套教学资源，教学案例丰富，可拓展性强，并可针对学生实践与学习的个性化情况，实现智能化推送学习建议。

因工业机器人是典型的光、机、电、软件等高度一体化产品，其制造与应用技术涉及机械设计与制造、电子技术、传感器技术、视觉技术、计算机技术、控制技术、通信技术、人工智能、工业互联网技术等诸多领域，其应用领域不断拓展与深化，技术不断发展与进步。本教材体系在修订完善与优化过程中肯定存在一些不足，特别是通用性与专用性的平衡、典型性与普遍性的取舍、先进性与传统性的综合、未来与当下、理论与实践等各方面的思考与运用不一定是全面的、系统的。希望各位同仁在应用过程中随时提出批评与指导意见，以便在第 3 版修订中进一步完善。

谭立新

2021 年 8 月 11 日于湘江之滨听雨轩

# 前言

在世界工业机器人业界中，以瑞士的 ABB、德国的 KUKA（库卡）、日本的发那科和安川电机最为著名，并称工业机器人四大家族。它们在亚洲市场也同样举足轻重，更占据我国机器人产业 70%以上的市场份额，几乎垄断了机器人制造、焊接等高阶领域。

本书主要以瑞士的 ABB、德国的 KUKA 为例，讲解这两类工业机器人在现场应用中的安装调试与维护保养。本书可作为从事工业机器人领域技术人员的参考资料，也可作为职业院校自动化专业、工业机器人技术专业、工业自动化控制类专业的使用教材。

全书为项目任务式，学习者根据项目完成任务，一边操作一边学习，这样才能事半功倍地吸收知识。其中项目 1 和项目 2 主要讲解工业机器人在现场应用中对外设的硬件连接及一些自动零点校正与内部电池的更换。项目 3 主要讲解工业机器人在投入现场环境前，进行的功能仿真，以确保现场实施中失误最小，保证工程进度。项目 4、项目 5 和项目 6 主要讲解对工业机器人的关键部件的认识、拆卸、更换及维护保养。

本书内容简明扼要、图文并茂、通俗易懂，并配合湖南科瑞迪教育发展公司提供的 MOOC 平台在线教学视频（www.moocdo.com）。

本书由谭立新、阙正湘任主编，谭玮彬、彭梁栋任副主编。谭立新教授作为整套工业机器人系列丛书的总主编，对整套图书的大纲进行了多次审定、修改，使其在符合实际工作需要的同时，便于教师授课使用。

在丛书的策划、编写过程中，湖南省电子学会提供了宝贵的意见和建议，在此表示诚挚的感谢。同时感谢为本书中的实践操作及视频录制提供大力支持的湖南科瑞特科技股份有限公司。

尽管编者主观上想努力使读者满意，但在书中不可避免尚有不足之处，欢迎读者提出宝贵建议。

编者

# 目 录

# 项目 1

# ABB 工业机器人的硬件连接

ABB 工业机器人
的硬件连接

## 1.1 项 目 描 述

本项目学习内容主要包括了解 ABB 工业机器人 IRC5 系列控制器，掌握 IRC5 系列控制器与其之间的连接关系，掌握 ABB 工业机器人的安全保护机制及接线策略，掌握 ABB 工业机器人 SMB 电池的安装位置及安装方法，并熟练掌握 ABB 工业机器人的安装、调试工作。

## 1.2 教 学 目 的

通过本项目的学习让学生了解 ABB 工业机器人各种全新的 IRC5 控制器及应用场合，熟练掌握 IRC5 系列控制器和工业机器人电气连接和各接口的作用，了解 ABB 控制器的安全保护机制的重要作用及电气接线方法，了解 SMB 电池的作用和更换 SMB 电池的方法，为熟练安装、调试 ABB 工业机器人起到一个入门作用，因此本项目所讲内容非常重要，学生可以按照本项目所讲的操作方法进行同步操作，为后续学习更加复杂的内容打下坚实基础。

## 1.3 知 识 准 备

### 1.3.1 认识 ABB 工业机器人 IRC5 系列控制器

ABB 工业机器人 IRC5 系列控制器如图 1-1 所示。

ABB 工业机器人作为机器人控制器领域的行业标杆，其 IRC5 系列控制器融合 ABB 运动控制技术，拥有卓越的灵活性、安全性及模块化特性，提供各类应用接口和 PC 工具支持，还可实现多机器人控制。针对各类生产需求，ABB 工业机器人目前共推出了 4 种不同类型的控制器，分别为 IRC5 单柜型控制器［图 1-2（a）］、IRC5C 紧凑型控制器［图 1-2（b）］、IRC5

PMC 面板嵌入型控制器［图1–2（c）］和 IRC5P 喷涂控制器［图1–2（d）］。

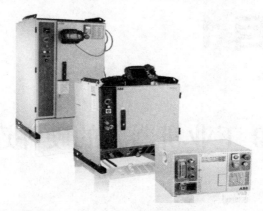

图1–1　ABB 工业机器人 IRC5 系列控制器

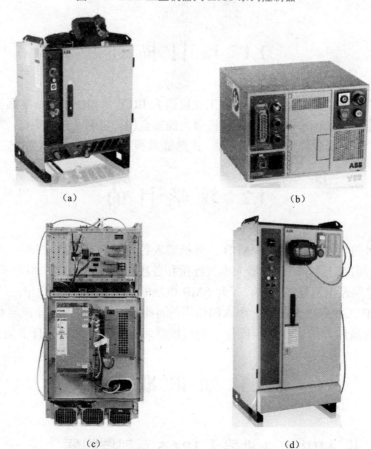

图1–2　不同类型 IRC5 控制器

（a）IRC5 单柜型控制器；（b）IRC5C 紧凑型控制器；（c）IRC5 PMC 面板嵌入型控制器；（d）IRC5P 喷涂控制器

## 1.3.2　了解 IRC5 系列控制器与其他部件之间的连接方式

如图1–3 所示，以框架模式介绍了出厂部件、安装部件的软件以及连接方式。

IRC5 系列控制器及其他部件如表 1-1 所示。

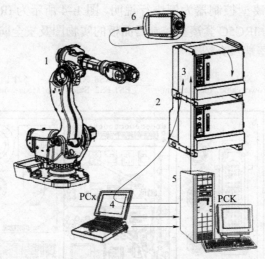

图 1-3  出厂部件、安装部件的软件以及连接方式

表 1-1  IRC5 系列控制器及其他部件

| 序号 | 名　称 | 说　明 |
|---|---|---|
| 1 | 工业机器人本体 | |
| 2 | IRC5 控制器 | |
| 3 | 由机器人控制器运行的机器人系统软件 | 系统已通过局域网中的服务器加载到控制器 |
| 4 | Robot Studio 在 PCx 上安装的 PC 软件 | |
| 5 | 网络服务器 | |
| 6 | Flex Pendant 设备 | 有时也称为 TPU 或教导器单元 |

### 1.3.3　了解 ABB 工业机器人的安全保护机制

机器人系统可以配备各种各样的安全保护装置，如门互锁开关、安全光幕和安全垫等。最常用的是机器人单元的门互锁开关，打开此装置可暂停机器人。

控制器有四个独立的安全保护机制，分别为常规模式安全保护停止（GS）、自动模式安全保护停止（AS）、上级安全保护停止（SS）和紧急停止（ES），如表 1-2 所示。

表 1-2  安全保护机制

| 安全保护 | 安全机制 |
|---|---|
| GS | 在任何操作模式下都有效 |
| AS | 在自动操作模式下有效 |
| SS | 在任何操作模式下都有效 |
| ES | 在急停按钮被按下时有效 |

## 1. IRC5C 紧凑型控制器

以常见的 IRC5C 紧凑型控制器为例进行说明，图 1-4 所示为 IRC5C 紧凑型控制器面板接口介绍，图 1-5 所示为 IRC5C 紧凑型控制器面板的实物图及安全防护接口位置，表 1-3 所示为 IRC5C 紧凑型控制器端口介绍。

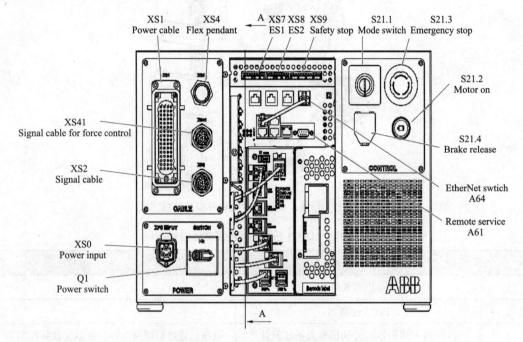

图 1-4　IRC5C 紧凑型控制器面板接口介绍

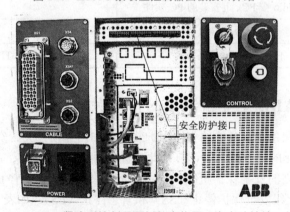

图 1-5　IRC5C 紧凑型控制器面板的实物图及安全防护接口位置

表 1-3　IRC5C 紧凑型控制器端口介绍

| 接　　口 | 接口说明 | 备　　注 |
| --- | --- | --- |
| Power switch（Q1） | 主电源控制开关 | |
| Power input | 220 V 电源接入口 | |
| Signal cable | SMB 电缆连接口 | 连接至机器人 SMB 输出口 |
| Signal cable for force control | 力控制选项信号电缆入口 | 有力控制选项才有用 |

续表

| 接　　口 | 接口说明 | 备　　注 |
|---|---|---|
| Power cable | 机器人主电缆 | 连接至机器人主电输入口 |
| Flex pendant | 示教器电缆连接口 | |
| ES1 | 急停输入接口 1 | |
| ES2 | 急停输入接口 2 | |
| Safety stop | 安全停止接口 | |
| Mode switch | 机器人运动模式切换 | |
| Emergency stop | 急停按钮 | |
| Motor on | 机器人电动机上电/复位按钮 | |
| Brake release | 机器人本体松刹车按钮 | 只对 IRB120 有效 |
| EtherNet switch | Ethernet 连接口 | |
| Remote service | 远程服务连接口 | |

**2. 外部急停接线说明**

IRC5C 紧凑型控制器安全防护接口外部急停接线方式如图 1-6 所示。

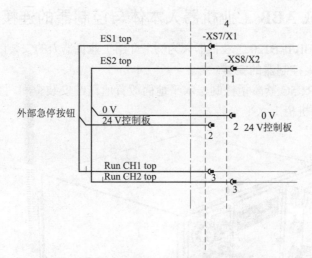

图 1-6　IRC5C 紧凑型控制器安全防护接口外部急停接线方式

说明：XS7 上的针脚 1 和 2 为一组。XS8 上的针脚 1 和 2 为一组，此两组线形成双回路，同断同通。

## 1.3.4　了解 ABB 工业机器人 SMB 电池的安装位置

串行测量板电路简称 SMB 板。校准数据通常存储在 SMB 板上，如果更换该电池，会丢掉机器人的零点校准。因此，在更换前最好把机器人移动到零点位置，然后更换 SMB 电池，更新计数器等。下面以 ABB IRB120 为例进行说明。

电池组的位置在底座盖的内部，SMB 电池安装位置如图 1-7 所示。

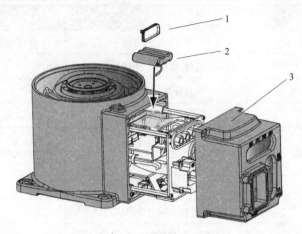

图 1-7　SMB 电池安装位置
1—电池组；2—电缆带；3—底座盖

# 1.4　任务实现

## 任务 1　完成 ABB 工业机器人本体与控制器的连接

本任务主要以 ABB IRB120 工业机器人为例，介绍工业机器人的安装以及电气接线过程。

**1. IRC5C 机器人控制器的安装**

图 1-8 所示为 IRC5C 紧凑型控制器水平地面放置所需的安装空间，图 1-9 所示为 IRC5C 紧凑型控制器放置在机柜上水平安装方式。

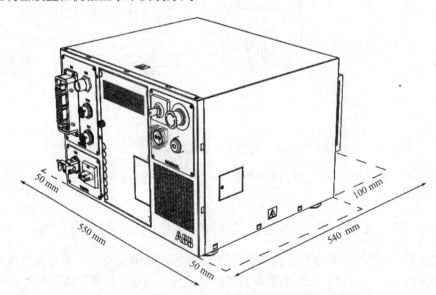

图 1-8　IRC5C 紧凑型控制器水平地面放置所需的安装空间

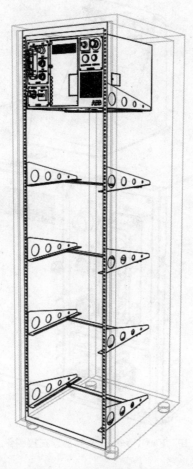

图 1–9   IRC5C 紧凑型控制器放置在机柜上水平安装方式

如果 IRC5C 紧凑型控制器安装在桌面上（非机架安装型），则其左右两边各需要 50 mm 的自由空间。

控制器的背部需要 100 mm 的自由空间来确保适当的冷却。切勿将电缆放置在控制器背部的风扇盖上，否则将难以进行检查并导致冷却不充分。

**2. 安装 Flex Pendant 支架**

可以把 Flex Pendant 支架放置在控制器上方，如图 1–10 所示，也可以放置到其他地方，勿将 Flex Pendant 支架放置在机架顶部。确定 Flex Pendant 支架放置位置，使其无法从高处跌落到地面。

**3. 机器人本体安装**

对于机器人本体的安装搬运，一般使用圆形吊带吊升机器人，所使用工具有高架起动机、圆形吊带（长度 3 m，提升能力 100 kg）、吊升工具（支架、连接螺钉、垫圈等），如图 1–11 和图 1–12 所示。

**4. 工业机器人本体与控制器电气连接**

图 1–13 所示为工业机器人控制器电气接口。

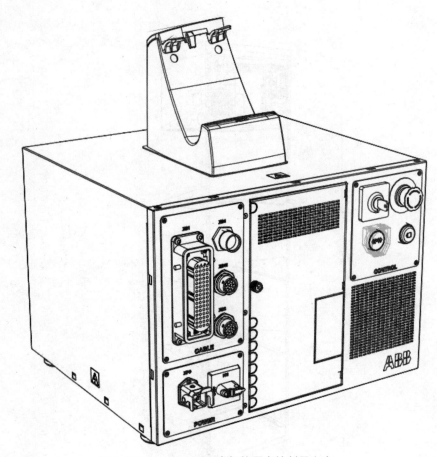

图 1-10 Flex Pendant 支架放置在控制器上方

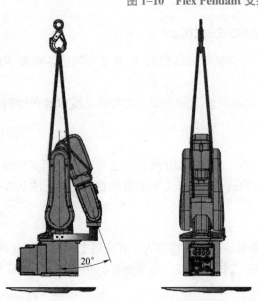

图 1-11 使用圆形吊带吊升机器人

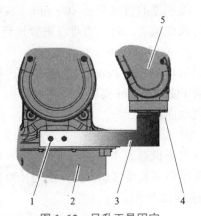

图 1-12 吊升工具固定

1—连接螺钉 M4×8（优质钢）；2—底座；3—支架；

4—连接螺钉 M5×12（优质钢）；5—上臂

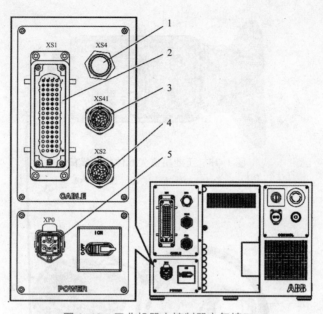

图 1-13    工业机器人控制器电气接口

1—XS 4 Flex Pendant 连接；2—XS 1 机器人供电连接；3—XS 41 附加轴 SMB 连接；

4—XS 2 机器人 SMB 连接；5—XP 0 主电路连接

图 1-14 所示为 ABB 工业机器人本体接口，图 1-15 所示为工业机器人本体外部接口，图 1-16 所示为工业机器人电气接线电缆。

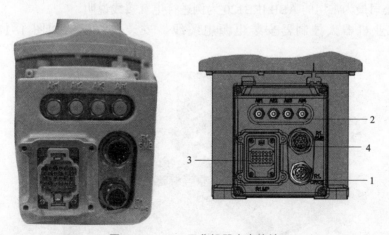

图 1-14    ABB 工业机器人本体接口

1—客户电力/信号×10；2—气管接口×4；3—电动机动力接口；4—转数计数器接口

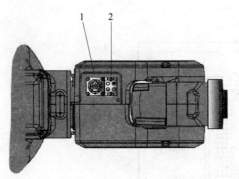

图1-15　工业机器人本体外部接口

1—客户电力/信号×10；2—气管接口×4

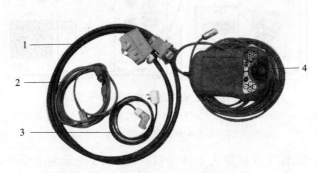

图1-16　工业机器人电气接线电缆

1—电动机动力接线电缆；2—转数计数器接线电缆；3—电源线；4—Flex Pendant编程单元

**5. 工业机器人系统电气安装步骤**

以ABB公司最为常用的ABB IRB120为例进行电气接线说明。

（1）给工业机器人控制器安装电源电缆线，安装过程示意如图1-17和图1-18所示。

图1-17　工业机器人控制器安装电源电缆线

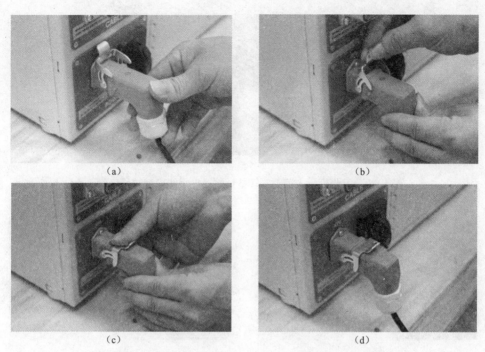

图 1-18　工业机器人控制器电源电缆线安装过程

（2）对工业机器人控制器及工业机器人本体安装转数计数器接电缆线，安装过程如图1-19至图1-21 所示。

图 1-19　工业机器人控制器安装转数计数器电缆线

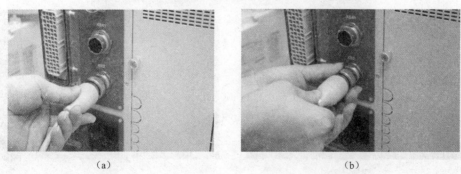

图 1-20　工业机器人控制器转数计数器电缆线安装过程

（c）

图1-20 工业机器人控制器转数计数器电缆线安装过程（续）

 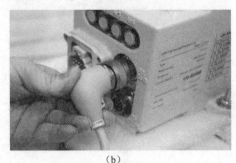

（a） （b）

图1-21 工业机器人本体转数计数器电缆线安装过程

（3）工业机器人控制器及本体端口的电机动力电缆线安装过程，如图1-22和图1-23所示。使用一字螺丝刀安装机器人本体端的电缆线。

 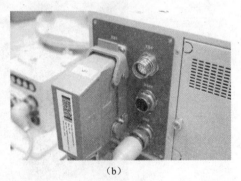

（a） （b）

图1-22 工业机器人控制器端口的电机动力电缆线安装过程

 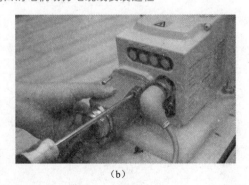

（a） （b）

图1-23 工业机器人本体端口的电机动力电缆线安装过程

（4）安装 Flex Pendant 编程单元及放置位置，如图 1-24 和图 1-25 所示。

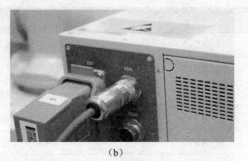

（a）　　　　　　　　　　　　　　　　　（b）

图 1-24　工业机器人控制器安装 Flex Pendant 编程单元端口

电气安装完成后，整体接线效果如图 1-26 所示。

图 1-25　工业机器人 Flex Pendant
编程单元放置位置

图 1-26　工业机器人系统整体
接线效果

## 任务 2　ABB IRB120 工业机器人的 I/O 接口引出及电气接线

**1. 工业机器人控制器 I/O 接口和 24 V/0 V 供电口**

图 1-27 所示为工业机器人控制器 I/O 接口和 24 V/0 V 供电端口。表 1-4 所示为工业机器人控制器 I/O 接口和 24 V/0 V 供电端口介绍。

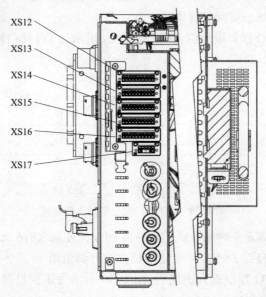

图 1-27　工业机器人控制器 I/O 接口和 24 V/0 V 供电端口

13

表1-4　工业机器人控制器 I/O 接口和 24 V/0 V 供电端口介绍

| 标　　号 | 名　　称 | 说　　明 |
|---|---|---|
| XS12 | 八位数字输入 | 地址 0～7 |
| XS13 | 八位数字输入 | 地址 8～15 |
| XS14 | 八位数字输出 | 地址 0～7 |
| XS15 | 八位数字输出 | 地址 8～15 |
| XS16 | 24 V/0 V 电源 | 0 V 和 24 V 每位间隔 |
| XS17 | 外部连接口 | |

**说明：** 此表为配置 DSQC652 板范例，如配 DSQC651 板则没有 XS15，内部线都已接好，因此只需要在外部端口接线就可以。

**2. 控制器 I/O 接口输入实际针脚说明**

以配置 DSQC652 I/O 接口板为例说明，图 1-28 所示为 I/O 接口输入实际针脚说明，分布在 XS12 和 XS13 端口上。

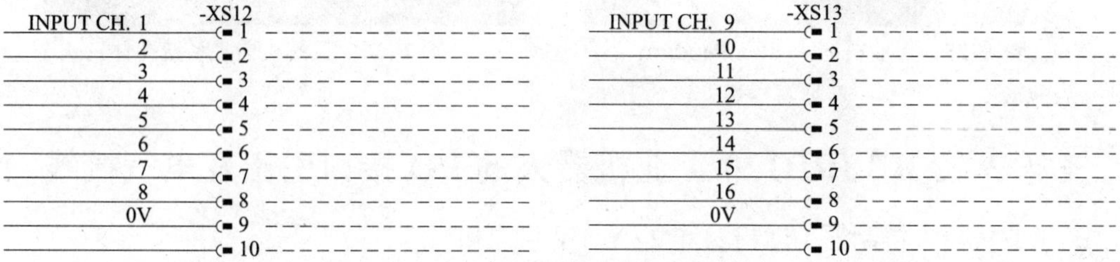

图 1-28　I/O 接口输入实际针脚说明

**说明：** 输入两端子都是 9 脚接 0 V，可从 XS16 上接线。

**3. 控制器 I/O 接口输出实际针脚说明**

以配置 DSQC652 I/O 接口板为例说明，图 1-29 所示为 I/O 接口输出实际针脚说明，分布在 XS14 和 XS15 端口上。

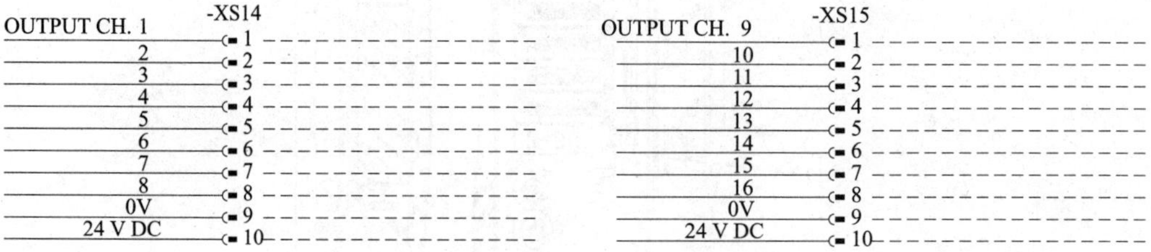

图 1-29　I/O 接口输出实际针脚说明

**说明：** 输出两端子都是 9 脚接 0 V，10 脚接 24 V，可从 XS16 上接线。

**4. 工业机器人 I/O 接口 24 V/0 V 供电接口实际针脚说明**

以配置 DSQC652 I/O 接口板为例说明，图 1-30 所示为工业机器人 24 V/0 V 供电接口实际针脚说明。

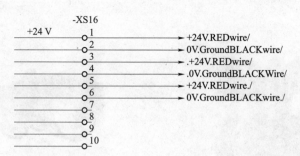

图 1–30 　工业机器人 24 V/0 V 供电接口实际针脚说明

**说明：** 从 1 脚到 10 脚间隔为 24 V 和 0 V。

5. 工业机器人 I/O 接口引线及电气接线操作

以配置 DSQC652 I/O 接口板为例说明，图 1–31 所示为工业机器人控制器 I/O 接口位置。

图 1–31 　工业机器人控制器 I/O 接口位置

工业机器人 I/O 接口电气接线操作：

（1）取下 I/O 接口板上的接线端子，如图 1–32 所示。

（a）

（b）

图 1–32 　取下 I/O 接口板上的接线端子

（a）IO 接口板；（b）接线端子

（2）按照上述所介绍的 I/O 电气接线图，把接线端子电线接好，如图 1–33 所示。

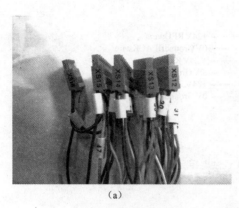

（a）                                （b）

图 1-33　把接线端子电线接好

（3）把 I/O 接口线的另一端连接到电气接线端子上，方便外部使用，如图 1-34 所示。

图 1-34　另一端连接到电气接线端子

（4）把绿色的接线端子，按照标号 XS12～XS16 依次插在控制器的 I/O 接线端口上，如图 1-35 所示。

图 1-35　接线端子插在控制器上的 I/O 接线端口

## 任务 3　工业机器人控制器的基本操作

图 1-36、表 1-5 分别为工业机器人控制器面板上常用操作开关及功能。

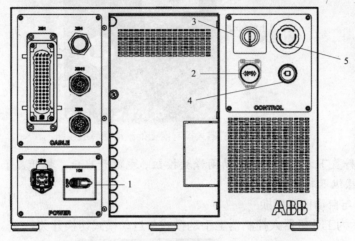

图 1-36　工业机器人控制器面板上常用操作开关

表 1-5　工业机器人控制器面板上常用操作开关及功能

| 标号 | 名　称 | 说　明 |
|---|---|---|
| 1 | 主电源开关 | |
| 2 | 用于 IRB120 的制动闸释放按钮 | 位于盖子下面。由于机器人带有一个制动闸释放按钮，因此与其他机器人配套使用的 IRC5C 紧凑型控制器无制动闸释放按钮，只有一个堵塞器 |
| 3 | 模式切换开关 | |
| 4 | 电动机启动按钮 | |
| 5 | 急停开关 | |

**1. 开机与关机操作**

图 1-37 所示为工业机器人控制器电源开关。

图 1-37　工业机器人控制器电源开关

**说明：**拨到 OFF 为关闭机器人，拨到 ON 为开启机器人。

**2. 制动闸释放按钮**

图 1-38 所示为工业机器人控制器上的制动闸释放按钮。

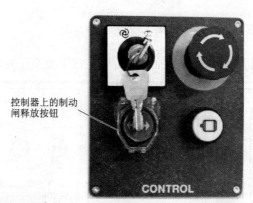

控制器上的制动
闸释放按钮

图1-38　工业机器人控制器上的制动闸释放按钮

**说明：** 在塑料盖下方配有一个制动闸释放按钮。电源开启后，打开盖子并按制动闸释放按钮可手动更改操纵器轴的位置。

**3. 手动模式与自动模式切换**

图1-39所示为工业机器人控制器上手动模式与自动模式切换开关。

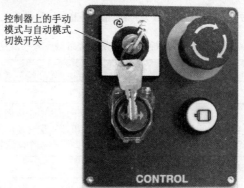

控制器上的手动
模式与自动模式
切换开关

图1-39　工业机器人控制器上手动模式与自动模式切换开关

**说明：** 钥匙扭到有手标识的一端为手动操作，通过 Flex Pendant 编程单元操作机器人运动，示教目标点；另一端为自动运行，机器人自动运行程序。

**4. 急停开关操作**

图1-40所示为工业机器人控制器急停开关操作按钮。

控制器上的急停
开关操作按钮

图1-40　工业机器人控制器急停开关操作按钮

说明：按下按钮，机器人紧急停止；松开按钮，则解除急停。

**5.** 电动机启动按钮操作

图 1–41 所示为工业机器人控制器的电动机启动按钮。

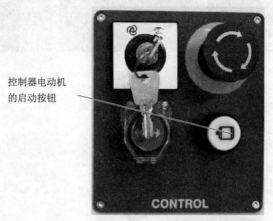

控制器电动机的启动按钮

图 1–41　工业机器人控制器的电动机启动按钮

说明：在自动模式下，开启电动机或者急停复位后，启动电动机，按下激活。

## 任务 4　更换 ABB 工业机器人的 SMB 电池

ABB 工业机器人在关掉控制器主电源后，6 个轴的位置数据是由电池提供电能进行保存的，因此在电池即将耗尽前，需要对其进行更换，否则每次主电源断电后，再次通电需要进行机器人转数计数器更新操作。

ABB IRB120 工业机器人更换 SMB 电池的操作如下：

使用手动操作，让 ABB IRB120 工业机器人 6 个轴回到机械原点（零点）位置，如图 1–42 所示工业机器人 6 轴的零点位置，在每个轴都有一个对齐标准位，仔细观察该位置，开启增量模式，让机器人手动运行移至对齐位置上。图 1–43 所示为 ABB IRB120 工业机器人本体 SMB 电池位置。

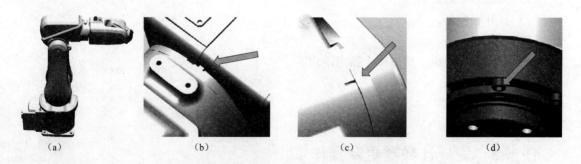

（a）　　　　　　　（b）　　　　　　　（c）　　　　　　　（d）

图 1–42　**ABB IRB120 工业机器人零点位置**

（a）第一轴（零点）；（b）第四轴（零点）；（c）第五轴（零点）；（d）第六轴（零点）

图 1–42　ABB IRB120 工业机器人零点位置（续）

（e）第一轴（零点）；（f）第二轴（零点）；（g）第三轴（零点）

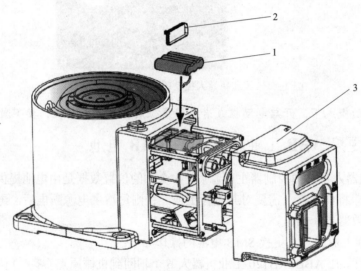

图 1–43　ABB IRB120 工业机器人本体 SMB 电池位置

1—电池组；2—电源盖；3—底座盖

更换电池的顺序：

（1）关闭总电源。

（2）打开底座盖。

（3）打开电源盖。

（4）取出旧电池组，然后换上新电池组。

（5）装回电池盖。

（6）装上底座壳。

（7）打开总电源。

## 任务 5　完成计数器更新操作

更换完成电池后，不能立即工作，必须进行转数计数器更新，操作步骤如下。

（1）在 Flex Pendant 编程单元的主菜单中选择"校准"选项，如图 1–44 所示。

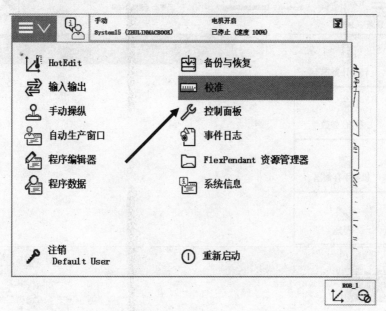

图 1–44　在 Flex Pendant 编程单元的主菜单中选择"校准"选项

（2）在"机械单元"项中选择"ROB_1"选项，如图 1–45 所示。

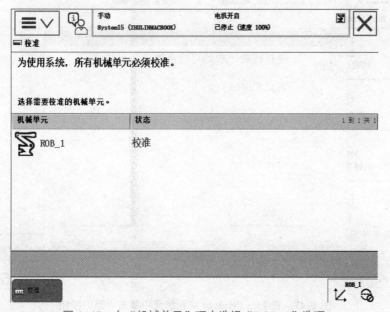

图 1–45　在"机械单元"项中选择"ROB_1"选项

（3）在"转数计数器"项中选择"更新转数计数器…"选项，如图1-46所示。

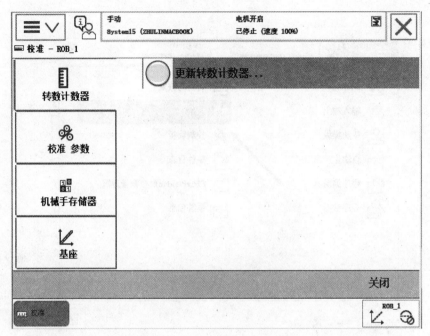

图1-46　在"转数计数器"项中选择"更新转数计数器…"选项

（4）在 Flex Pendant 编程单元中单击"是"按钮，如图1-47所示。

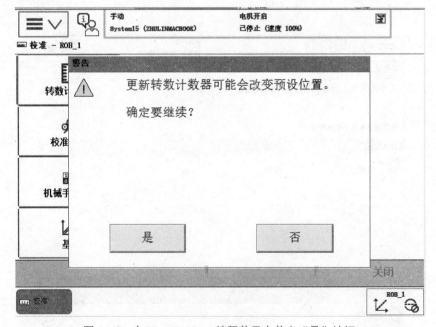

图1-47　在 Flex Pendant 编程单元中单击"是"按钮

（5）在"机械单元"项中勾选"ROB_1"选项，选择后单击"确定"按钮，如图1-48所示。

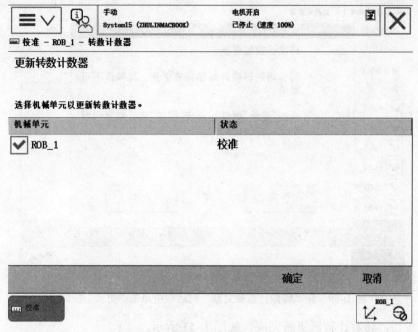

图1-48 在"机械单元"项中勾选"ROB_1"选项及单击"确定"按钮

（6）在 Flex Pendant 编程单元中单击"全选"按钮，然后单击"更新"按钮，如图1-49所示。

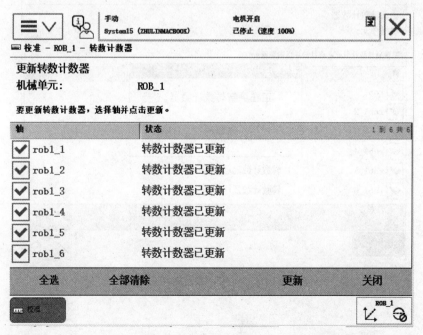

图1-49 在 Flex Pendant 编程单元中单击"全选"按钮，然后单击"更新"按钮

（7）在"转数计数器更新"对话框中单击"更新"按钮，如图1-50所示。

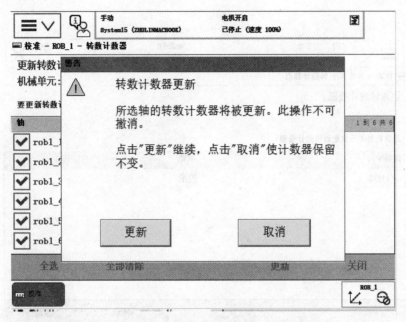

图1-50　在"转数计数器更新"对话框中单击"更新"按钮

操作完成后，转数计数器更新完成，如图1-51所示。

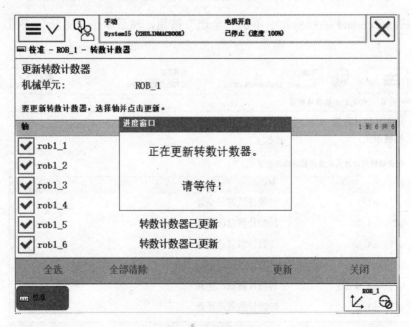

图1-51　转数计数器更新完成

# 1.5　考 核 评 价

## 考核任务 1　熟练操作 ABB 工业机器人本体与控制器的连接

要求：能够熟练地对 ABB 工业机器人系统进行电气接线；熟练掌握 ABB 工业机器人的基本操作及控制器接线端口的功能及接线方式；熟练掌握 ABB 工业机器人安全防护接口的电气接线；能用专业语言正确流利地描述配置的基本步骤，思路清晰、有条理；能圆满回答老师与同学提出的问题，并能提出一些新的建议。

## 考核任务 2　熟练掌握 ABB IRB120 工业机器人 I/O 接口配置及电气接线

要求：了解 ABB 工业机器人的 I/O 接口板的类型及功能；能够熟练对 ABB 工业机器人 DSQC652 板的系统配置和引出电气布线；能用专业语言正确流利地描述配置的基本步骤，思路清晰、有条理；能圆满回答老师与同学提出的问题，并能提出一些新的建议。

## 考核任务 3　熟练掌握 ABB 工业机器人的 SMB 电池的更换

要求：了解 ABB 工业机器人的 SMB 电池的作用；熟练掌握 SMB 电池的更换方法；熟练掌握机器人回零点操作；能用专业语言正确流利地描述更换电池的基本步骤，思路清晰、有条理；能圆满回答老师与同学提出的问题，并能提出一些新的建议。

## 考核任务 4　熟练完成转数计数器更新操作

要求：熟练掌握转数计数器的更新方法及操作步骤；能用专业语言正确流利地描述计数器更新的基本步骤，思路清晰、有条理；能圆满回答老师与同学提出的问题，并能提出一些新的建议。

# 项目 2

# KUKA 工业机器人的硬件连接

KUKA 工业机器人
的硬件连接

## 2.1 项目描述

本项目学习内容主要包括了解 KUKA 工业机器人 KRC4 系列控制器，掌握 KRC4 系列控制器与机器人本体之间的连接关系，掌握 KUKA 工业机器人的安全保护机制及接线策略，掌握 KUKA 工业机器人蓄电池的安装位置及安装方法，并熟练掌握 KUKA 工业机器人的安装、调试工作。

## 2.2 教学目的

通过本项目的学习让学生了解 KUKA 工业机器人的各种全新的 KRC4 控制器及应用场合，掌握 KRC4 系列控制器和工业机器人电气连接及各接口的作用，了解控制器的安全保护机制的重要作用及电气接线方法，了解 KUKA 的蓄电池作用和更换蓄电池的方法，为熟练安装、调试KUKA 工业机器人起到一个入门作用，因此本项目所讲内容非常重要，可以按照本项目所讲的操作方法进行同步操作，为后续学习更加复杂的内容打下坚实基础。

## 2.3 知识准备

### 2.3.1 认识 KUKA 工业机器人 KRC4 控制器

KUKA 工业机器人 KRC4 系列控制器（图 2-1），可以实现对设备的成功控制。因其采用模块化的硬件结构和以计算机为基础的开放式软件架构，所以可以根据设备和特殊要求进行灵活适配。此外，它还具有各种扩展功能，可以使控制系统轻松地适配各种不断变化的新生产任务，使用户能灵活应对变化并确保产品的竞争优势。

**1. KUKA 工业机器人 KRC4 控制器**

KRC4 控制器（图 2-2）属于 KUKA 最为通用的工业机器人控制器，它具有更高效、更安全、更灵活、更智能化等特点。KRC4 控制器的革新理念为自动化的发展打下了坚实的基础，降低了自动化方面的集成、保养和维护成本，并且同时持久地提高系统的效率和灵活性。因此，KUKA 开发了一个全新的、结构清晰且注重使用开放高效数据标准的系统架构。这个系统架构中集成的所有安全控制（Safety Control）、机器人控制（Robot Control）、运动控制（Motion Control）、逻辑控制（Logic Control），均拥有相同的数据基础和基础设施，并可以对其进行智能化使用和分享，使系统具有最高性能、可升级性和灵活性，引领时代、开创未来，而且不仅限于 KUKA 工业机器人。

图 2-1　KUKA 工业机器人 KRC4 系列控制器　　图 2-2　KUKA 工业机器人 KRC4 控制器

**2. KUKA 工业机器人 KRC4 Smallsize 控制器**

KUKA 工业机器人 KRC4 Smallsize 控制器（图 2-3）具备标准 KRC4 控制系统的所有功能，即将机器人、运动、时序、过程和安全多项功能集中控制。其中，安全功能可监控 16 个自定义的工作区域，同时特有的耗能管理模式可将能耗最高降低 95%，使整个机器人系统更加智能高效，既可持续性地节省宝贵资源，也可大幅减少成本。

**3. KUKA 工业机器人 KRC4 Compact 控制器**

KUKA 工业机器人 KRC4 Compact 控制器（图 2-4）更高效、更安全、更灵活且更智能化。KRC4 Compact 控制器以其小巧的结构提供高效、可靠的 KRC4 技术。灵活的结构设计和由此产生的可扩展性令其成为一款全能型机器。

KRC4 Compact 控制器能够大大减少硬件组件、电缆及插头的数量，并通过基于软件的各种解决方案进行替代。高效、稳定的控制系统采用免维护设计，温度调节式风扇技术可根据需要短时开动且噪声低。

**4. KUKA Sunrise Cabinet 控制器**

KUKA Sunrise Cabinet 控制器（图 2-5），该控制系统专为轻型机器人机型设计，因此可应用于协作机器人。KUKA Sunrise Cabinet 以其小巧的结构提供高效、可靠的 KUKA 技术，灵活的结构设计和由此产生的可扩展性令其成为一款全能型机器；同时能够大大减少硬件组件、电缆及插头的数量，并通过基于软件的各种解决方案进行替代。高品质、稳定的控制系统采用免保养设计。

图 2-3　KUKA 工业机器人 KRC4 Smallsize 控制器

图 2-4　KUKA 工业机器人 KRC4 Compact 控制器

图 2-5　KUKA Sunrise Cabinet 控制器

## 2.3.2　了解 KRC4 Smallsize 控制器与 KR5 机器人本体之间的连接方式

以最为常用的 KUKA KR5 工业机器人本体配套 KUKA 工业机器人 KRC4 Smallsize 控制器进行电气连接为例进行说明。

图 2-6 为 KUKA 工业机器人 KRC4 Smallsize 控制器面板，图 2-7 为 KUKA KR5 工业机器人与 KRC4 Smallsize 控制器电气连接方式，图 2-8 为 KUKA 工业机器人 KRC4 Smallsize 控制器内部结构。

图 2-6　KUKA 工业机器人 KRC4 Smallsize 控制器面板

1—X65 Ether CAT 接口（可选）；2—X66 以太网接口（1xrj45）（可选）；3—X11 安全并行接口；4—X21 接口数据；
5—X19 Smart PAD 接口；6—电源线；7—X20 电机动力主线；8—X69 PC 接口服务；9—其他扩展总线接口

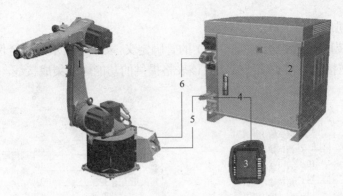

图 2–7  **KUKA KR5 工业机器人与 KRC4  Smallsize 控制器电气连接方式**

1—机械手；2—机器人控制器；3—手持式编程器 Smart PAD；4—Smart PAD 连接电缆；

5—连接电缆/数据线；6—连接电缆/电动机导线

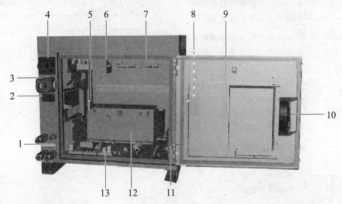

图 2–8   **KUKA 工业机器人 KRC4  Smallsize 控制器内部结构**

1—接线面板接口；2—电源接口；3—X20 电动机插头；4—主开关；5—电源滤波器；6—KUKA 小型机器人配电箱；

7—KUKA 小型机器人伺服包；8—侧面接口面板；9—控制系统 PC 机；10—控制系统 PC 机的风扇；

11—蓄电池；12—低压电源件；13—小型机器人控制器

## 2.3.3  了解 KUKA 工业机器人的安全保护机制

图 2–9 所示为 KUKA 工业机器人 KRC4 Smallsize 控制器安全保护机制接口 X11 的位置，采用 50 针的 D–Sub 的母头，在使用机器人时，首先要把安全保护机制接线接好。

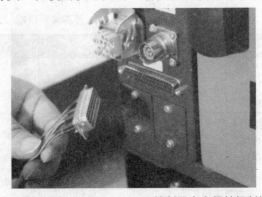

图 2–9  **KUKA 工业机器人 KRC4 Smallsize 控制器安全保护机制接口 X11 的位置**

**1. 安全保护机制接口 X11**

图 2-10 所示为安全保护机制接口 X11 的管脚定义, 表 2-1 所示为安全保护机制接口 X11 管脚接线说明, 在接线时, 必须严格按照该表格提供的功能进行集成接线。

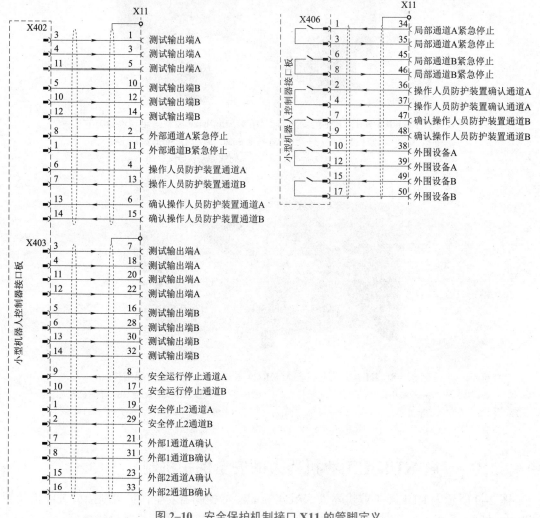

图 2-10 安全保护机制接口 X11 的管脚定义

表 2-1 安全保护机制接口 X11 管脚接线说明

| 信　号 | 针脚 | 说　明 | 备　注 |
|---|---|---|---|
| 测试输出端 A<br>（测试信号） | 1/3/5<br>7/18<br>20/22 | 向通道 A 的每个接口输入端供应脉冲电压 | — |
| 测试输出端 B<br>（测试信号） | 10/12/14<br>16/28<br>30/32 | 向通道 B 的每个接口输入端供应脉冲电压 | — |
| 外部通道 A 紧急停止 | 2 | 紧急停止, 双通道输入端, 最大 24 V | 在机器人控制系统中触发紧急停止功能 |
| 外部通道 B 紧急停止 | 11 | | |

续表

| 信　号 | 针脚 | 说　明 | 备　注 |
|---|---|---|---|
| 操作人员防护装置通道 A | 4 | 用于防护门闭锁装置的双通道连接，最大 24 V | 只要该信号处于接通状态，就可以接通驱动装置，仅在自动运行操作人员防护方式下有效 |
| 操作人员防护装置通道 B | 13 | | |
| 确认操作人员防护装置通道 A | 6 | 用于连接带有无电势触点的确认操作人员防护装置的双信道输入端 | 可通过 KUKA 系统软件配置确认操作人员防护装置输入端的行为。在关闭防护门（操作人员防护装置）后，可在自动运行方式下防护栅外面用确认键接通机械手的运行。该功能在交货状态下不生效 |
| 确认操作人员防护装置通道 B | 15 | | |
| 安全运行停止通道 A | 8 | 各轴的安全运行停止输入端 | 激活停机监控，超出停机监控范围时导入停机 0 |
| 安全运行停止通道 B | 17 | | |
| 安全停止 2 通道 A | 19 | 安全停止 2（所有轴）输入端 | 各轴停机时触发安全停止 2 并激活停机监控，超出停机监控范围时导入停机 0 |
| 安全停止 2 通道 B | 29 | | |
| 外部 1 通道 A 确认 | 21 | 用于连接外部带有无电势触点的双通道确认开关 1 | 如果未连接外部确认开关 1，则必须桥接通道 A Pin 20/21 和通道 B 30/31，仅在测试运行方式下有效 |
| 外部 1 通道 B 确认 | 31 | | |
| 外部 2 通道 A 确认 | 23 | 用于连接外部带有无电势触点的双通道确认开关 2 | 如果未连接外部确认开关 2，则必须桥接通道 A Pin 22/23 和通道 B 32/33，仅在测试运行方式下有效 |
| 外部 2 通道 B 确认 | 33 | | |
| 局部通道 A 紧急停止 | 34/35 | 输出端，内部紧急停止的无电势触点 | 满足下列条件时，触点闭合：Smart PAD 上的紧急停止未操作，控制系统已接通并准备就绪。如有条件未满足，则触点打开 |
| 局部通道 B 紧急停止 | 45/46 | | |
| 操作人员防护装置确认通道 A | 36 | 输出端，接口 1 确认操作人员防护装置无电势触点 | 将确认操作人员防护装置的输入信号转接至在同一防护栅上的其他机器人控制系统 |
| | 37 | 输出端，接口 2 确认操作人员防护装置无电势触点 | |
| 确认操作人员防护装置通道 B | 47 | 输出端，接口 1 确认操作人员防护装置无电势触点 | |
| | 48 | 输出端，接口 2 确认操作人员防护装置无电势触点 | |
| 外围设备 A | 38 | 输出端，无电势触点 | 外围设备信号 |
| | 39 | 输出端，无电势触点 | |
| 外围设备 B | 49 | 输出端，无电势触点 | |
| | 50 | 输出端，无电势触点 | |

**2. 保护机制接口 X11 插头**

图 2-11 所示为安全保护机制接口 X11 插头，用于接口 X11 的配合件是一个带多点连接器的 50 针 D-Sub、IP67 插头。

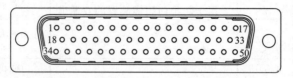

图 2-11　安全保护机制接口 X11 插头

## 2.3.4　了解 KUKA 工业机器人蓄电池

机器人控制系统会在断电时借助蓄电池在受控状态下关闭。蓄电池受控制器充电以及周期式的电量监控。蓄电池管理器受一项计算机任务的控制，并且通过一条与控制器连接的 USB 连接线接受监控。

图 2-12 所示为蓄电池与控制器上的插头 X305 连接，并采用 F305 号熔丝保护。控制系统出厂时蓄电池插头 X305 已从控制器中拔出，以防止镇流电阻导致蓄电池过度放电。首次启用时，必须在控制系统关机状态下才能将插头 X305 插上。

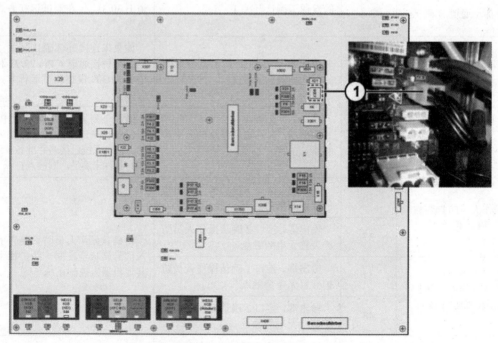

图 2-12　蓄电池与控制器上的插头 X305 连接

图 2-13 所示为工业机器人蓄电池的极性说明，在安装时要注意蓄电池极性，以免带来不必要的后果。

### 2.3.5　了解 KUKA 工业机器人零点标定

**1. KUKA 工业机器人零点标定位置**

只有工业机器人的零点标定既充分又正确，其使用效果才会最好，因为只有这样，工业机器人才能达到其最高的点精度和轨迹精度或者完全能够以编程设定的动作运动。

完整的零点标定过程为每一个轴标定零点。通过技术辅助工具［EMD=Electronic Mastering Device（电子控制仪）］可为任何一个在机械零点位置的轴指定一个基准值（如 0°）。因为这样就可以使轴的机械位置和电气位置保持一致，所以每一个轴都有一个唯一的角度值。

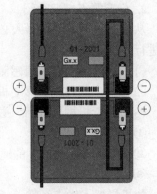

图 2–13　工业机器人蓄电池极性

所有工业机器人的零点标定位置都经过校准，但不完全相同。精确位置在同一工业机器人型号的不同工业机器人之间也会有所不同，图 2–14 所示为零点标定套筒的安装位置，表 2–2 所示为机械零点位置的角度值（等于基准值）。

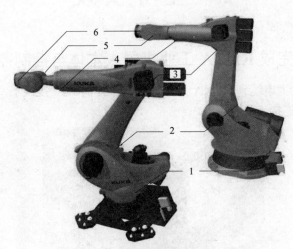

图 2–14　零点标定套筒的安装位置

表 2–2　机械零点位置的角度值（等于基准值）

| 轴 | "Quantec" 代机器人 | 其他机器人型号<br>（如 2000、KR 16 系列等） |
|:---:|:---:|:---:|
| 1 | −20° | 0° |
| 2 | −120° | −90° |
| 3 | 120° | 90° |
| 4 | 0° | 0° |
| 5 | 0° | 0° |
| 6 | 0° | 0° |

**2. 标定零点情况介绍**

从原则上，工业机器人必须时刻处于已标定零点的状态。在投入运行时，以下情况下必须进行零点标定：

（1）在对参与定位值感测的部件（如带分解器或 RDC 的电动机）采取维护措施后。

（2）当未用控制器移动机器人轴（如借助于自由旋转装置）时。

（3）进行机械修理后，必须先删除机器人的零点，然后才可标定零点：

① 更换齿轮箱后。

② 以高于 250 mm/s 的速度上行移至一个终端止挡之后。

③ 在碰撞后。

如果机器人轴未经零点标定，则会严重限制机器人的功能，零点标定的安全提示如下：

（1）无法编程运行：不能沿编程设定的点运行。

（2）无法在手动运行模式下手动平移：不能在坐标系中移动。

（3）软件限位开关关闭。

# 2.4　任务实现

### 任务 1　操作完成 KUKA 工业机器人本体与控制器的连接

（1）连接电动机动力电缆到 KUKA 工业机器人本体的 X30 接口上，图 2-15 所示为连接位置，图 2-16 所示为连接步骤。

图 2-15　电动机动力电缆的连接位置

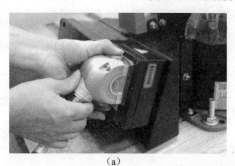

（a）　　　　　　　　　　　　　　　　　（b）

图 2-16　电动机动力电缆的连接步骤

（2）连接绝对值编码器电缆到控制器 X21 接口上，图 2-17 所示为连接绝对值编码器的电缆位置，图 2-18 所示为连接绝对值编码器电缆的步骤。

图 2-17　连接绝对值编码器的电缆位置

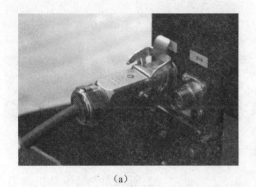

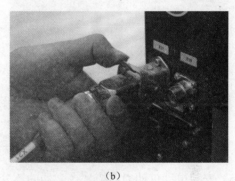

　　　　　　（a）　　　　　　　　　　　　　　　　　　（b）

图 2-18　连接绝对值编码器电缆的步骤

（3）连接 Smart PAD 电缆到控制器的 X19 接口上，图 2-19 所示为连接 Smart PAD 位置，图 2-20 所示为连接 Smart PAD 电缆的步骤。

图 2-19　连接 Smart PAD 位置

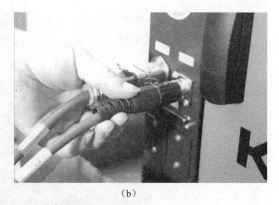

（a）　　　　　　　　　　　　　　（b）

图 2-20　连接 Smart PAD 电缆的步骤

（4）连接电源电缆到控制器的 X1 接口上，图 2-21 所示为连接电源电缆的步骤。

（a）　　　　　　　　　　　　　　（b）

图 2-21　连接电源电缆的步骤

（5）安装电动机动力电缆到控制器的 X20 接口上，图 2-22 所示为安装电动机动力电缆的位置，图 2-23 所示为安装电机动力电缆的步骤。

图 2-22　安装电动机动力电缆的位置

（6）连接安全策略接口到控制器的 X11 接口上，图 2-24 所示为连接安全策略接口的位置，图 2-25 所示为连接安全策略接口的步骤。

（7）连接绝对值编码器接口线到机器人接口上，图 2-26 所示为连接绝对值编码器接口的步骤。

（a）　　　　　　　　　　　　　　（b）

图 2-23　安装电机动力电缆的步骤

图 2-24　连接安全策略接口的位置

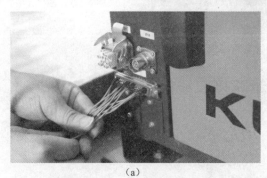

（a）　　　　　　　　　　　　　　（b）

图 2-25　连接安全策略接口的步骤

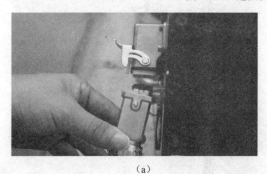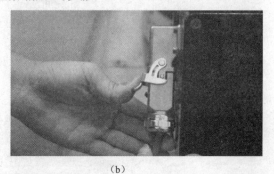

（a）　　　　　　　　　　　　　　（b）

图 2-26　连接绝对值编码器接口的步骤

（8）连接 PC 通信接口线到控制器的 X69 接口上，图 2-27 所示为连接 PC 通信接口线的步骤。

（a） （b）

图2-27 连接PC通信接口线的步骤

KUKA工业机器人系统电气接线完成的整体效果，如图2-28所示。

图2-28 KUKA工业机器人系统电气接线完成的整体效果

## 任务2 KUKA工业机器人安全策略接口线接线

**1. 紧急停止**

在KUKA工业机器人控制系统中，如果要在安全保护机制接口X11上连接一个紧急停止装置，参考图2-29所示电气接线图即可完成紧急停止装置的连接。

图2-29 KUKA工业机器人系统紧急停止装置电气接线图

**2. 防护门**

在隔离性防护装置外必须安装一个双信道"确认"键，系统集成必须确保因意外关闭防护门不会立即设定操作人员防护装置信号。操作人员防护装置信号在关闭防护门后只允许通过在危险区域外访问的附加装置来设定，如通过"确认"键。在 KUKA 工业机器人可重新启动自动运行模式之前，必须用"确认"键确认防护门关闭，参考图 2-30 所示电气接线图在 X11 端口上连接该功能。

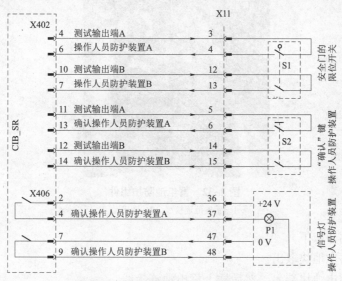

图 2-30　带防护门的操作人员防护装置电气接线图

## 任务 3　更换 KUKA 工业机器人蓄电池

KUKA 工业机器人 KRC4 系列蓄电池的功能主要是在控制系统断电时借助蓄电池在受控状态下关闭，蓄电池受控制器的充电以及周期性的电量监控，蓄电池与 X305 连接，并采用 F305 熔丝保护。

以下为具体更换 KUKA 工业机器人蓄电池的操作步骤：

（1）将控制系统关机并采取措施防止其意外重启。

（2）拧松滚花螺母的螺栓，然后将冷却槽拆出，图 2-31 所示为冷却槽。

图 2-31　冷却槽

1—冷却槽固定装置；2—蓄电池；3—冷却槽

（3）将本机蓄电池连接线拔出，或将控制器里的插头X305拔掉。图2-32为蓄电池防护组件。

**注意：** 蓄电池电极上的短路或接地会造成很高的短路电流。该短路电流可导致重大财产损失和人员受伤，不允许使蓄电池电极短路或接地。

图2-32　蓄电池防护组件

1—蓄电池连接线；2—魔术贴

（4）将魔术贴2取下。

（5）将两块蓄电池块取出。

（6）将新的蓄电池块装入，然后插上蓄电池连接线。

（7）用魔术贴将两个蓄电池块紧固。

（8）将冷却槽装入且拧紧。

（9）实施功能测试。

## 任务4　KUKA工业机器人零点标定

**1. 零点标定流程介绍**

零点标定可通过确定轴的机械零点的方式进行。轴在此过程中将一直运动，直至达到机械零点为止，这种情况出现在探针到达测量槽最深点时。因此，每根轴都配有一个零点标定套筒和一个零点标定标记，如图2-33、图2-34所示。

图2-33　正在运动的电子控制仪

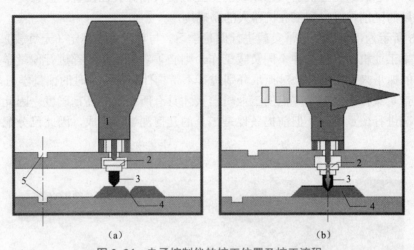

（a）　　　　　　　　　　　　（b）

图 2-34　电子控制仪的校正位置及校正流程

1—EMD（电子控制仪）；2—测量套筒；3—探针；4—测量槽；5—预零点标定标记

**2. 机器人的零点标定方式**

KUKA 工业机器人系列进行零点标定的一般途径如图 2-35 所示，该图具体介绍了在使用过程中只有一种负载存在的情况下和多种负载存在的情况下进行标定（如搬运、码垛）。

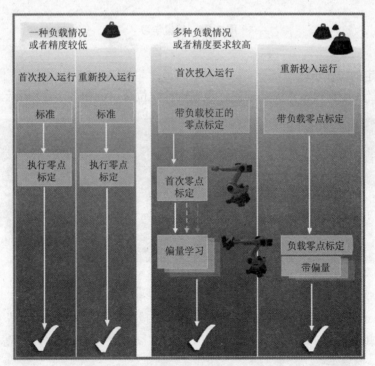

图 2-35　零点标定途径

**3. 偏量学习**

通过固定在法兰处的工具重量，工业机器人承受着静态荷载。由于部件和齿轮箱上材料固有的弹性，未承载的工业机器人与承载的工业机器人相比其在位置上会有所区别。这些相当于几个增量的区别将影响到工业机器人的精确度。

图 2-36 所示为带负载和不带负载进行偏量学习。与首次零点标定（无负载）的差值被存储起来。如果工业机器人以各种不同负载工作，则必须对每个负载都进行偏量学习。对于抓取沉重部件的抓爪来说，则必须对抓爪分别进行不带构件和带构件时的偏量学习。

只有经带负载校正且标定零点的工业机器人才具有所要求的高精确度。因此，必须针对每种负载情况进行偏量学习，但前提条件是工具的几何测量已完成，因此已分配了一个工具编号。

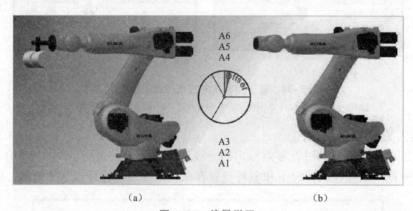

图 2-36　偏量学习

（a）带负载；（b）不带负载

### 4. 零点标定的操作步骤

（1）将机器人移到预零点标定位置。预零点标定位置示例如图 2-37 所示。

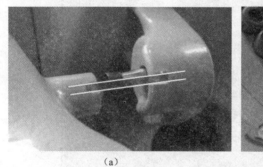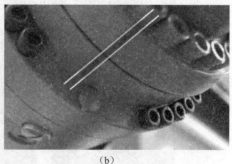

图 2-37　预零点标定位置示例

（2）在 Smart PAD 编程单元上的主菜单中选择"投入运行"|"零点标定"|"EMD"|"带负载校正"|"首次零点标定"选项。此时一个窗口自动打开，显示所有待零点标定的轴，且编号最小的轴已被选定。

（3）从窗口中选定的轴上取下测量筒的防护盖（翻转过来的 EMD 可用作螺丝刀），将 EMD 拧到测量筒上，如图 2-38 所示。然后将测量导线连到 EMD 上，并连接到工业机器人接线盒的 X32 接口上，如图 2-39 所示。

（a）　　　　　　　　　　　　　　（b）

图 2-38　将 EMD 拧到测量筒上

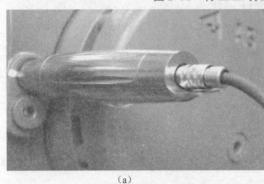

（a）　　　　　　　　　　　　　　（b）

图 2-39　将测量导线连接到工业机器人接线盒的 X32 接口上

（4）在 Smart PAD 编程单元上，单击"零点标定"按钮。

（5）将"确认"开关按至中间挡位并按住，然后按下并按住"启动"键，如图 2-40 所示。

（a）　　　　　　　　　　　　　　（b）

图 2-40　"确认"开关和"启动"键

如果 EMD 通过了测量切口的最低点，则已到达零点标定位置。工业机器人自动停止运行，数值被存储，该轴在窗口中消失。

（6）将测量导线从 EMD 上取下，然后从测量筒上取下 EMD，并将防护盖重新装好。

（7）对所有待零点标定的轴重复步骤（2）～（5）。

（8）关闭窗口。

（9）将测量导线从 X32 接口上取下。

**5. 偏量学习操作步骤**

进行带负载的"偏量学习"，与首次零点标定的差值被存储起来。

（1）将工业机器人置于预零点标定位置。

（2）在 Smart PAD 编程单元上的主菜单中选择"投入运行"|"零点标定"|"EMD"|"带负载校正"|"偏量学习"选项。

（3）输入工具编号，用工具"OK"键确认。

（4）随即打开一个窗口，所有工具尚未学习的轴都显示出来，但编号最小的轴已被选定。

（5）从窗口中选定的轴上取下测量筒的防护盖，将 EMD 拧到测量筒上，然后将测量导线连到 EMD 上，并连接到底座接线盒的 X32 接口上。

（6）按学习键。

（7）按"确认"开关和"启动"键。当 EMD 识别到测量切口的最低点时，则已到达零点标定位置，工业机器人自动停止运行。随即打开一个窗口，该轴上与首次零点标定的偏差以增量和度的形式显示出来。

（8）用"OK"键确认，该轴在窗口中消失。

（9）将测量导线从 EMD 上取下，然后从测量筒上取下 EMD，并将防护盖重新装好。

（10）对所有待零点标定的轴重复步骤（3）～（7）。

（11）将测量导线从 X32 接口上取下。

（12）关闭窗口。

**6. 带偏量的负载零点标定检查/设置的操作步骤**

带偏量的负载零点标定在有负载的情况下进行，计算首次零点标定量。

（1）将工业机器人移到预零点标定位置。

（2）在 Smart PAD 编程单元上的主菜单中选择"投入运行"|"零点标定"|"EMD"|"带负载校正"|"负载零点标定"|"带偏量"选项。

（3）输入工具编号，用工具"OK"键确认。

（4）取下 X32 接口上的盖子，然后将测量导线接上。

（5）从窗口中选定的轴上取下测量筒的防护盖（翻转过来的 EMD 可用作螺丝刀）。

（6）将 EMD 拧到测量筒上。

（7）将测量导线接到 EMD 上。在此过程中，将插头的红点对准 EMD 内的槽口。

（8）按下"检查"键。

（9）按住"确认"开关并按下"启动"键。

（10）需要时，单击"保存"按钮存储数值，旧的零点标定值被删除。如果要恢复丢失的首次零点标定，必须保存这些数值。

（11）将测量导线从 EMD 上取下，然后从测量筒上取下 EMD，并将防护盖重新装好。

（12）对所有待零点标定的轴重复步骤（4）～（10）。

（13）关闭窗口。

（14）将测量导线从 X32 接口上取下。

# 2.5　考 核 评 价

### 考核任务 1　熟练操作 KUKA 工业机器人本体与控制器的连接

要求：能够熟练对 KUKA 工业机器人系统进行电气接线；熟练掌握 KUKA 工业机器人的基本操作及控制器接线端口的功能及接线方式；熟练掌握 KUKA 工业机器人安全防护接口的电气接线；能用专业语言正确流利地描述配置的基本步骤，思路清晰、有条理；能圆满回答老师与同学提出的问题，并能提出一些新的建议。

### 考核任务 2　熟练掌握 KUKA 工业机器人 I/O 口配置及电气接线

要求：了解 KUKA 工业机器人的安全防护接口的电气连接方法及选配的 I/O 板卡的类型及功能；能够熟练对 KUKA 机器人倍福 EL1809 16 路 I/O 口输入、倍福 EL2809 16 路 I/O 口输出板卡的系统配置和引出电气进行布线（通过查倍福系列资料进行自主学习）；能用专业语言正确流利地描述配置的基本步骤，思路清晰、有条理；能圆满回答老师与同学提出的问题，并能提出一些新的建议。

### 考核任务 3　熟练掌握 KUKA 工业机器人蓄电池的更换

要求：了解 KUKA 工业机器人蓄电池的作用；熟练掌握蓄电池更换方法；熟练操作机器人回零点；能用专业语言正确流利地描述配置的基本步骤，思路清晰、有条理；能圆满回答老师与同学提出的问题，并能提出一些新的建议。

### 考核任务 4　熟练完成 KUKA 工业机器人零点校正

要求：熟练掌握 KUKA 工业机器人零点校正的一系列方法和步骤；熟练使用 EMD 进行零点校正的操作步骤；能用专业语言正确流利地描述配置基本的步骤，思路清晰、有条理；能圆满回答老师与同学提出的问题，并能提出一些新的建议。

# 项目 3

# EFORT 工业机器人的硬件连接

EFORT 工业机器
人的硬件连接

## 3.1 项 目 描 述

本项目的主要学习内容包括：了解 EFORT 工业机器人 ER3A–C60 控制柜，掌握控制柜与机器人本体之间的连接关系，掌握 EFORT 工业机器人的安全保护机制及接线策略，并熟练掌握 EFORT 工业机器人的安装、调试工作。

## 3.2 教 学 目 的

通过本项目的学习了解 EFORT 工业机器人 ER3A–C60 控制器及应用场合，熟练掌握 EFORT 工业机器人 ER3A–C60 控制柜和工业机器人电气连接和各接口的作用，了解 EFORT 工业机器人 ER3A–C60 控制柜的安全保护机制的重要作用及电气接线方法，为我们熟练安装、调试 EFORT 工业机器人起到一个入门作用，所以本项目所讲内容非常重要，学生可以按照本项目所讲的操作方法进行同步操作，为后续学习更加复杂的内容打下坚实的基础。

# 3.3　知 识 准 备

## 3.3.1　认识 EFORT 工业机器人 ER3A-C60 控制柜

**1. 控制柜的外观及安装尺寸**

控制柜外形及安装尺寸如图 3-1 所示。

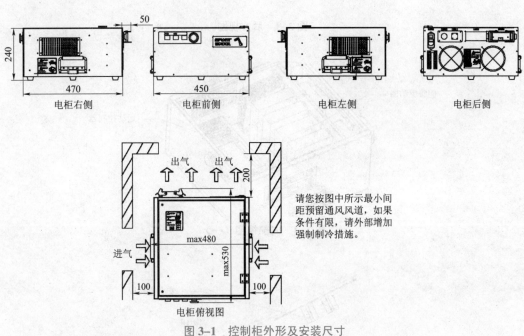

请您按图中所示最小间距预留通风风道，如果条件有限，请外部增加强制制冷措施。

图 3-1　控制柜外形及安装尺寸

**2. 控制柜的部件组成**

控制柜的部件组成如图 3-2～图 3-5 所示。

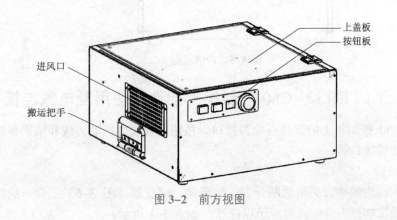

图 3-2　前方视图

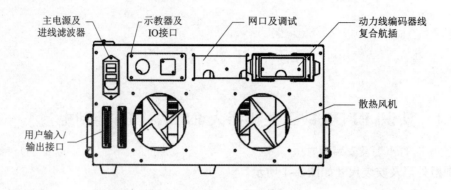

主电源及
进线滤波器
示教器及
IO接口
网口及调试
动力线编码器线
复合航插
散热风机
用户输入/
输出接口

图 3–3　后方视图

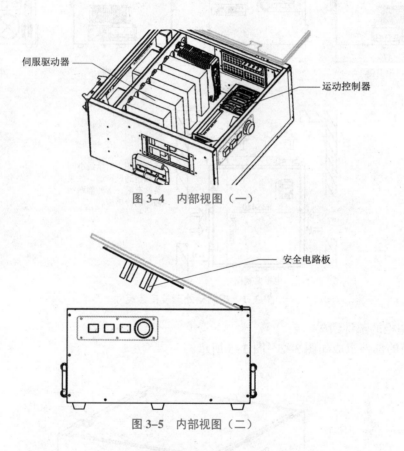

伺服驱动器
运动控制器

图 3–4　内部视图（一）

安全电路板

图 3–5　内部视图（二）

## 3.3.2　了解 ER3A–C60 控制柜上部件的使用及电气连接

ER3A–C60 控制柜上的部件有电源接口、按钮面板、电机动力线和编码器线接头、示教器接口和驱动器接口等。

1. 电源接口

本控制柜的电源接口采用通断开关、熔断丝、滤波器（图 3–6）三合一结构，接入主电源时以及排除控制柜失点故障时应予以注意，如表 3–1 所示。

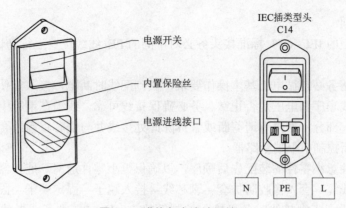

图 3-6　进线复合滤波器接口

表 3-1　控制柜电源接口

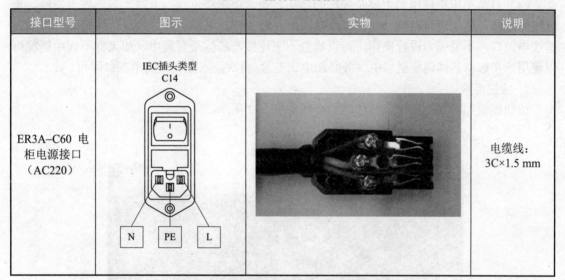

| 接口型号 | 图示 | 实物 | 说明 |
|---|---|---|---|
| ER3A-C60 电柜电源接口（AC220） | IEC插头类型 C14 | | 电缆线：3C×1.5 mm |

保险丝限制电流 10 A，保险丝规格为普通 $\phi$ 5 mm×20 mm 玻璃保险丝，如图 3-7 所示。
连接器剥线长度：总长（55±2）mm，芯线剥出（20±2）mm，如图 3-8 所示。

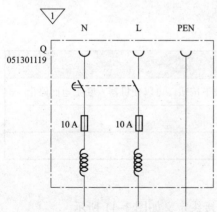

图 3-7　ER3A-C60 小电柜进线原理图

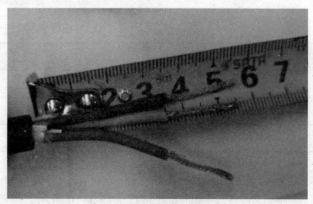

图 3-8　连接器剥线长度

49

接线注意事项：

（1）使用电柜的 IEC-C13 标准接头务必对中间的 PE 线缆位置进行确认，切勿将地线与火线接错。

（2）接线时请务必遵循电工基本操作要求，做到配线时断电，接入前使用万用表或者电笔测量以确认接线顺序和电压是否正常。务必确保接线可靠，线缆在铜柱中无晃动情况，线缆铜丝部分无翘起部分，如果有请剪断或者拆除此处接线并与铜芯重新绞合在一起，拆除主电源接线时先切断控制柜上端断路器。

（3）配线时注意小零件的装配先后顺序，以确保无小零件遗漏。连接器配线顺序：分开连接器—剥外被线缆—套入橡胶防护套—剥芯线—接入端子—固定端子—固定线缆—合上连接器—校线后通电。上端接线时务必接入控制箱的 L、N、PE 端子或者使用工业三眼插头（10 A 及以上）接入合适的三眼插座中（10 A 及以上负荷能力）。

（4）目前小电柜使用的主要是国产的插头，通常使用棕色线为火线，蓝色线为零线，黄绿线为地线，使用时请留意。使用国产接头时，如果在接入控制柜时发现个别接头难以插入进线电源口，不要强力进行操作，可以检查一下连接器芯体是否居中，如果有不居中情况可以使用一字起将芯体调整至居中（务必断电调整），再次插入控制柜的电源口即可。

**2. 按钮面板**

按钮面板如图 3-9 所示，具体功能介绍如表 3-2 所示。

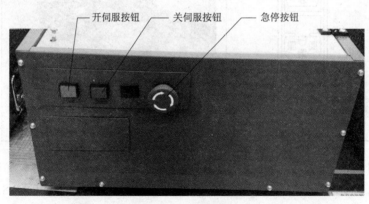

图 3-9　按钮面板

表 3-2　电柜前面板按钮功能介绍

| 按钮 | 功能介绍 |
| --- | --- |
| 急停按钮 | 机器人出现意外故障需要紧急停止时按下按钮，可以使机器人断主电而停止 |
| 关伺服按钮 | 按下该按钮时驱动器主电断开 |
| 开伺服按钮 | 按下该按钮时驱动器得电 |

**3. 电机动力线和编码器线接头**

电机动力线、编码器线接线如图 3-10 所示。连接器接头定义如图 3-11 所示。

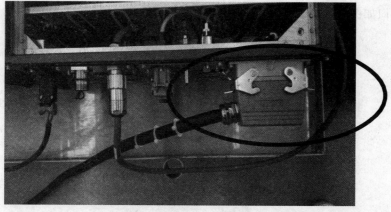

图 3–10　电机动力线、编码器线接线

电机动力线航插/编码器航插

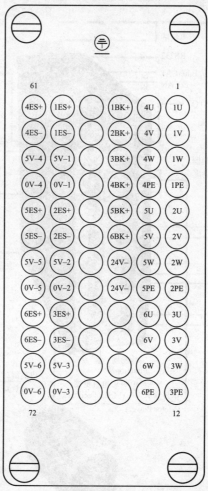

HDD–072–MC

图 3–11　连接器接头定义

**4. 示教器接口**

示教器接口如图 3-12 所示。

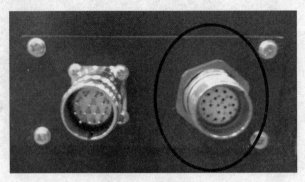

图 3-12　示教器接口

**5. 驱动器接口**

驱动器接口如图 3-13 所示。

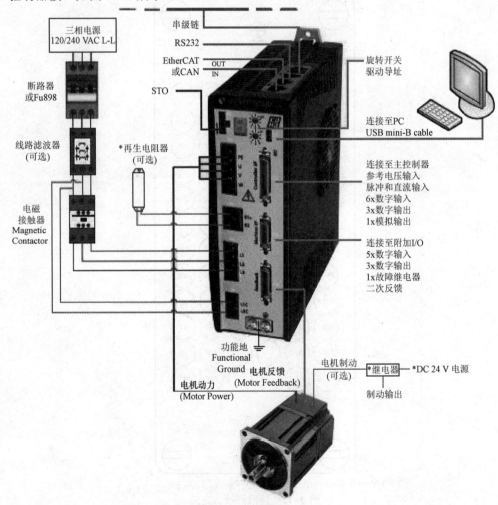

图 3-13　驱动器接口

驱动器的连线包括：R S T、RB、U V W、Controller I/F、Machine I/F、Feedback、Daisy Chain、EtherCAT、STO、RS232、USB mini–B cable、Magnetic Contactor。部分连线功能如表 3–3 所示。

表 3–3　驱动器部分接口功能列表

| 接口 | 功能介绍 |
| --- | --- |
| R S T | 驱动器主电源输入连接端 |
| RB | 外置再生放电电阻接线端 |
| U V W | 电机连接端 |
| Magnetic Contactor | 驱动器控制电源输入连接端 |
| USB mini–B cable | 连接电脑调试及监控用端口 |
| Machine I/F | 抱闸、报警输出端口 |
| Feedback | 编码器连接端口 |
| STO | 安全模块连接接口 |
| Controller I/F | 通信用连接端口 |
| CN0 接口 | 通信用连接端口 |

### 3.3.3　了解 EFORT 机器人的安全保护机制

EFORT 机器人内置有安全电路板，安全电路板结构如图 3–14 所示。

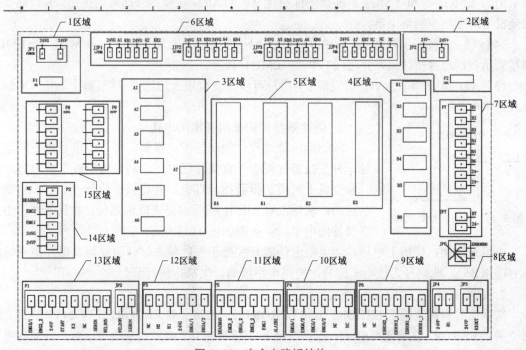

图 3–14　安全电路板结构

1区域：控制继电器供电电源输入，DC24 V（24VP 接"+"），其中 F1 为保险丝，额定电流为 5 A。

2区域：电机抱闸电源输入，DC24 V，（24 V+接"+"），其中 F2 为保险丝，额定电流为 10 A。

3区域：驱动报警控制继电器和指示灯。

4区域：电机抱闸控制继电器和指示灯。

5区域：急停、主电和错误信号控制继电器。

6区域：7个电机轴的驱动器报警和抱闸控制输入信号，其中 A1～A7 为驱动器报警控制输入信号，KB1～KB7 为抱闸控制输入信号，这2个信号由驱动器输入安全电路板。

7区域：抱闸输出信号和24V−。

8区域：K3OUT 是主电接触器输出引脚，当主电接触器正常工作时，其触点闭合，H1 引脚和 24VP 短接，主电指示灯亮，代表主电正常给驱动器供电。

9区域：错误信号输出，将错误信号输出给外部 PLC。

10区域：外部急停 1、2，需要将这 4 个引脚分别短接，其中 EMG6/1 与 EMG6/2 短接，EMG5/1 与 EMG5/2 短接。

11区域：电柜急停 1、2，外部急停 1、2，手压开关和 ALARMI 驱动报警等信号输出给运动控制器的 I/O 口。

12区域：EMG4/1 和 EMG4/2 连接外部急停 2，H1 和 H2 分别连接面板上的主电指示灯和伺服报警指示灯。

13区域：单独的一个连接端子的 WELDON（焊接使能）和 SERON（权限转换）引脚都连接到运动控制器的 I/O 口，主要用于将这 2 个信号输出给运动控制器。左边的 8 个引脚的端子中的 EMG3/1 和 EMG3/2 连接外部急停 1，START 连接到外部启动按钮，K3 连接到安全板上的主电控制继电器。

14区域：连接到示教器上，其中 DEADMAN 连接到手压开关按钮上，EMG1 和 EMG2 连接到示教器急停按钮上，并将 24VP 与 EMG1 短接。

15区域：24VP 和 24VG 扩展端子，用户可以在安全板上的这 2 排引脚上引出 DC24 V 给外部供电。

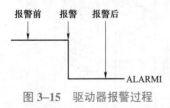

图 3−15　驱动器报警过程

**1. 驱动器报警和电机开抱闸电路**

驱动器报警过程：驱动器发出报警信号，此信号是下降沿信号，并在报警过程中一直保持低电平，触发安全板报警电路，此时安全板上对应的报警指示灯亮，并将报警信号 ALARMI 发送给运动控制器，ALARMI 信号也是下降沿信号，并且此过程中一直保持低电平。示意图如图 3−15 所示。

电机开抱闸：伺服上电后，当电柜上使能开关处于关的状态时，驱动器发出开抱闸信号（KB1～KB6），此信号为低电平信号，抱闸电路接通，电机抱闸打开。

**2. 错误信号**

错误信号有两个端子 ERROR1_1 和 ERROR1_2。通常会将 ERROR1_1 与 24VP 连接，而另一端子 ERROR1_2 会连至 PLC，正常情况下，ERROR1_2 电平是高电平，而当驱动器报警或急停按钮被按下时，此时由于继电器内部触点断开，ERROR1_1 和 ERROR1_2 不再连通，

ERROR1_2 电平变为低电平，PLC 检测到 ERROR1_2 的电平发生变化，认为电路有故障，会做出相应的反应。

**3. 系统正常工作时安全板上各个指示灯的状态**

在给伺服上电前，1、2 区域电源部分的指示灯亮，5 区域的四个大继电器的指示灯最左侧的主电指示灯不亮，右边的三个指示灯都亮，第 3 区域右侧单个小继电器的指示灯亮，其余各区域的指示灯都不亮。伺服上电后，5 区域最左侧的主电指示灯会亮，右侧 4 区域的抱闸控制继电器的指示灯也会亮，此时表示各轴电机抱闸已经打开，电机可以开始运行。

**4. 故障发生后各个指示灯的状态、故障原因和故障排除对策**

当安全板上的指示灯发生异常时，首先检查各个连接器是否有松动或插歪现象，若有请先插牢固，再查找其他原因。

（1）【现象】上电后，1、2 区域的电源指示灯只有一个亮，且安全板上部分区域不通电。

【原因】发生了电源故障。

【对策1】检查指示灯不亮区域的连接器端子是否插好，保证其处于插紧状态。

【对策2】检查指示灯不亮区域的保险丝是否有异常，包括连接松动和保险丝熔断等情况。若损坏，则更换保险丝。

（2）【现象】上电后，1、2 区域指示灯都不亮，整个安全板不通电。

【原因】发生了电源故障。

【对策1】检查两个区域的连接器端子是否插好，保证其处于插紧状态。

【对策2】检查两个区域的保险丝是否松动或熔断，若损坏，则更换保险丝。

【对策3】检查从开关电源到安全板的连线是否有断线情况，若有更换连接线。

【对策4】检查开关电源，若损坏，则更换开关电源。

（3）【现象】按下启动按钮后且伺服上电前，4 区域有指示灯亮。

【原因】驱动器连接到安全板的抱闸线路有问题。

【对策1】检查 6 区域对应的连接器端子是否插接好，保证其处于插紧状态。

【对策2】检查连接到 6 区域的报警和抱闸输入信号线是否有断线情况，若有，则更换。

（4）【现象】3 区域 A1～A7 中有继电器指示灯亮且 A8 指示灯不亮。

【原因】驱动器报警。

【对策】查看驱动器报警代码，根据报警代码查找报警原因，根据原因维修。

（5）【现象】5 区域的 4 个继电器的指示灯不亮。

【原因】控制继电器的电路回路出现故障。

【对策1】检查电柜面板或示教器上的停止按钮或急停按钮是否被按下，或者按钮接线是否有松动。若被按下，则等待其他检查完后恢复这些按钮的状态。若接线有松动，则将其重新接牢固。

【对策2】检查短接线 EMG5/1、EMG5/2 和 EMG6/1、EMG6/2 是否松动或断线。

【对策3】检查 14 区域的 24VP 是否与 EMG1 或 EMG2 短接，若没短接，则需要短接。

**5. 安全电路板更换**

更换安全电路板前必须要切掉电源，在确保断电的情况下更换与之前一样的电路板，禁止使用其他类型的电路板。此安全电路板接口分布示意图如图 3-16 所示。

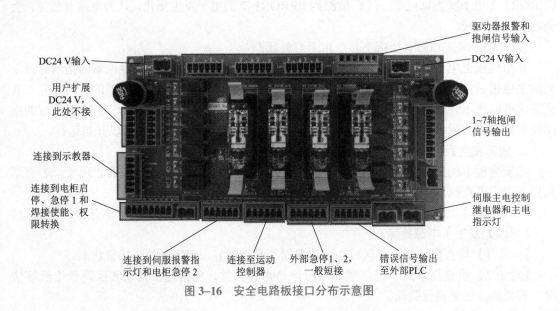

DC24 V输入

用户扩展
DC24 V,
此处不接

连接到示教器

连接到电柜启
停、急停1和
焊接使能、权
限转换

驱动器报警和
抱闸信号输入

DC24 V输入

1~7轴抱闸
信号输出

伺服主电控制
继电器和主电
指示灯

连接到伺服报警指
示灯和电柜急停2

连接至运动
控制器

外部急停1、2,
一般短接

错误信号输出
至外部PLC

图3-16 安全电路板接口分布示意图

### 3.3.4 了解 EFORT 机器人蓄电池

本机器人使用锂电池作为编码器数据备份用电池。电池电量下降超过一定限度，则无法正常保存数据电池每天 8 h 运转、每天 16 h 电源 OFF 的状态下，应每 2 年更换一次。电池保管应选择避免高温、高湿，不会结露且通风良好的场所，建议在常温（20 ℃±15 ℃）条件下且温度变化较小，相对湿度在 70% 以下的场所进行保管。更换电池时，请在控制装置一次电源的通电状态下进行。如果电源处于未接通状态，则编码器会出现异常，此时，需要执行编码器复位操作。已使用的电池应按照所在地区规定的分类规定，作为"已使用锂电池"废弃。

编码器电池存放在机器人底座的电池盒中，该电池用于电控柜断电时存储电机编码器信息。当电池的电量不足时需要对电池进行更换，电池安装位置如图 3-17 所示（电池安装在底座的后端）。

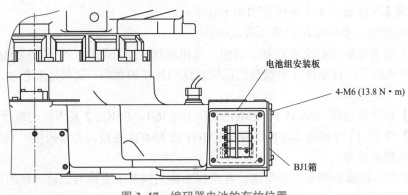

电池组安装板

4-M6 (13.8 N·m)

BJ1箱

图3-17 编码器电池的存放位置

# 3.4　任务实现

## 任务 1　操作完成 EFORT 工业机器人本体与控制柜的连接

当控制柜与本体从包装箱拆卸下来后，打开控制柜并检查是否有接线松动的情况，同时准备好电源连接线、盘间线，并确认本体已经可靠固定之后方可进行本体与控制柜的连接、通电。

连接步骤如图 3-18 至图 3-20 所示。

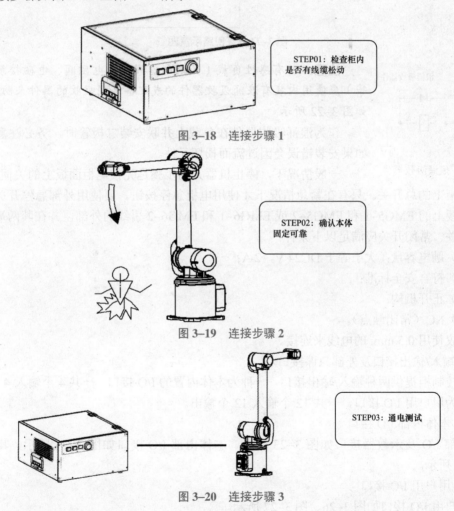

STEP01：检查柜内是否有线缆松动

图 3-18　连接步骤 1

STEP02：确认本体固定可靠

图 3-19　连接步骤 2

STEP03：通电测试

图 3-20　连接步骤 3

## 任务 2　EFORT 机器人的 I/O 口引出及电气接线

**1. 安全电路的急停使用**

ER3A-C60 控制柜只有电柜急停按钮和示教器急停按钮，外部急停默认短接。本安全电路采用双回路设计，具有很高的安全性，双回路示意图如图 3-21 所示。

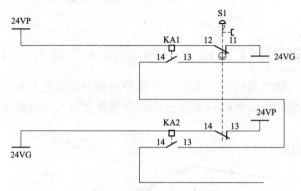

图 3-21 双回路示意图

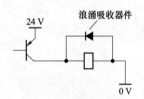

图 3-22 浪涌吸收器件

**注意**：所有感性负载（如继电器线圈、电磁阀、电磁接触器线圈等）应使用内装有浪涌吸收器件的或配备浪涌吸收的器件来防止浪涌，如图 3-22 所示。

作为浪涌吸收器件在负载上并联安装二极管时，务必注意极性。如果安装错误会因过流而损坏元件。

一般情况下，停止机器人的步骤是先按电柜面板上的关伺服按钮，再关电柜上的总开关。只有在紧急情况下才使用电柜急停按钮。要使用外部急停开关，可以将安全板上的 EMG5-1 和 EMG5-2 或 EMG6-1 和 EMG6-2 引线的外部，并在其两端接一个常闭开关，常闭开关应满足以下条件：

（1）触电容量：大于等于 DC24 V，2 A；

（2）符合安全标准；

（3）正开机构；

（4）NC（常闭触点）。

建议使用 0.5 mm² 的电线来连接。

2. 输入/输出接口及外部急停接口

本控制柜提供两种输入/输出接口，一种为本体内置的 I/O 接口，一共 4 个输入 4 个输出；另一种为用户用 I/O 接口，一共 12 个输入 12 个输出。

1）本体内部 I/O 接口

内部 I/O 及示教器接口如图 3-23 所示。本体内部 I/O 接口如图 3-24 所示，其分布如图 3-25 所示。

2）用户用 I/O 接口

用户用 I/O 接口如图 3-26、图 3-27 所示。

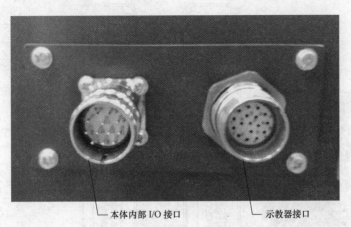

图 3-23　内部 I/O 及示教器接口

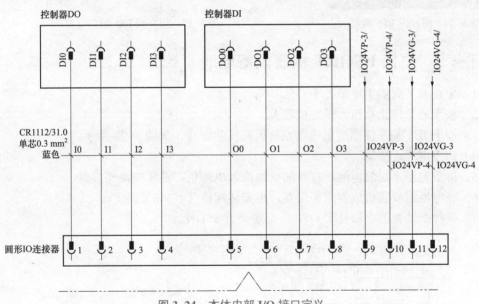

图 3-24　本体内部 I/O 接口定义

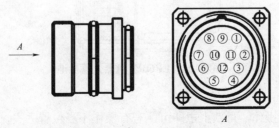

图 3-25　本体内部 I/O 接口分布

| Pin | Input | Output |
|---|---|---|
| 1 | DI-4 | DO-4 |
| 2 | DI-5 | DO-5 |
| 3 | DI-6 | DO-6 |
| 4 | DI-7 | DO-7 |
| 5 | DI-8 | DO-8 |
| 6 | DI-9 | DO-9 |
| 7 | DI-10 | DO-10 |
| 8 | DI-11 | DO-11 |
| 9 | DI-12 | DO-12 |
| 10 | DI-13 | DO-13 |
| 11 | DI-14 | DO-14 |
| 12 | DI-15 | DO-15 |
| 13 | 24VP | ESTOP1+ |
| 14 | 24VP | ESTOP1- |
| 15 | 24VG | ESTOP2+ |
| 16 | 24VG | ESTOP2- |

图 3-26　用户用 I/O 接口　　　　图 3-27　用户用 I/O 接口定义

## 任务 3　更换 EFORT 机器人蓄电池

（1）使控制装置的主电源处于 ON。

（2）按下紧急停止按钮，锁定机器人。

（3）卸下 BJ1 箱左侧面的电池组安装板的安装螺栓，如图 3-28 所示。

（4）卸下电池连接器。

（5）拆下电压不足的电池，将新的电池插入电池包，连接电池连接器。

（6）将电池组安装板放回原来位置，用安装螺栓（4-M6）固定。

（7）使控制装置的电源处于 OFF 后，重新置于 ON。

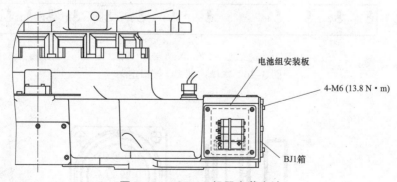

电池组安装板

4-M6 (13.8 N·m)

BJ1箱

图 3-28　EFORT 机器人蓄电池

更换电池后的操作：

一般按照上述顺序操作，重新上电即可，若有操作不当位置丢失，需要在示教盒"零位标定"界面下，选中右下方的轴号，单击"编码器清零"按钮，然后按下示教盒上的"清除"键，报警消除。但轴的零位会丢失，需将机器人运动到机械零位进行零位标定操作，如图 3-29 所示。

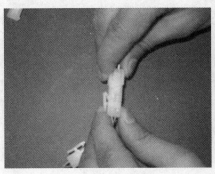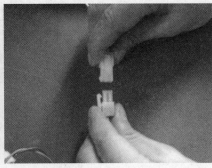

图 3–29  编码器电池更换方法

## 任务 4  EFORT 机器人零点标定

机器人在出厂前，已经做好机械零点校对，当机器人因故障丢失零点位置，需要对机器人重新进行机械零点的校对。校对零点时，将规格为 6 的圆柱销插入机器人一轴到五轴的零标孔中，即为机器人的零标位置。具体操作如图 3–30、图 3–31 所示。

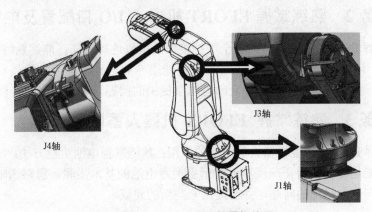

图 3–30  J1、J3、J4 轴零标位置

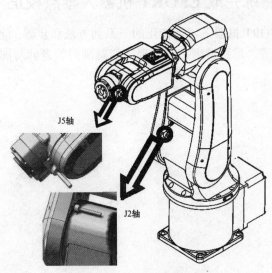

图 3–31  J2、J5 轴零标位置

**注**：J3 轴零点标定时，需要先将大臂外壳保护罩去掉，然后将圆柱销插入零标孔中，待重新标定系统后，再将大臂外壳保护罩安装到机器人上。

机器人移动到零点后，需要在示教盒"零位标定"界面下，选中右下方的轴号，单击"记录零点"按钮，然后机器人零点更新完成。

# 3.5 考核评价

### 考核任务 1 熟练进行 EFORT 工业机器人本体与控制柜的连接

要求：能够熟练对 EFORT 工业机器人系统进行电气接线；熟练掌握 EFORT 工业机器人的基本操作及控制柜接线端口的功能及接线方式；熟练掌握 EFORT 工业机器人安全接口的电气接线；能用专业语言正确流利地展示配置基本的步骤，思路清晰、有条理；能圆满回答老师与同学提出的问题，并能提出一些新的建议。

### 考核任务 2 熟练掌握 EFORT 机器人 I/O 口配置及电气接线

要求：了解 EFORT 工业机器人安全防护接口的电气连接方法；能够熟练对 EFORT 机器人输入/输出板卡的系统配置和引出电气布线；能用专业语言正确流利地展示配置基本的步骤，思路清晰、有条理；能圆满回答老师与同学提出的问题，并能提出一些新的建议。

### 考核任务 3 熟练掌握 EFORT 机器人蓄电池的更换

要求：了解 EFORT 工业机器人的电池的作用；熟练掌握电池更换方法；熟练进行机器人回零点操作；能用专业语言正确流利地展示更换蓄电池的基本步骤，思路清晰、有条理；能圆满回答老师与同学提出的问题，并能提出一些新的建议。

### 考核任务 4 熟练完成 EFORT 机器人零点校正

要求：熟练掌握 EFORT 机器人零点校正的一系列方法和步骤；能用专业语言正确流利地展示零点校正的基本步骤，思路清晰、有条理；能圆满回答老师与同学提出的问题，并能提出一些新的建议。

# 项目 4

# RbtAms 工业机器人装配与 3D 虚拟仿真软件介绍

RbtAms 工业机器人装配
与 3D 虚拟仿真软件

## 4.1 项 目 描 述

本项目学习内容主要包括认识 RbtAms 工业机器人装配与 3D 虚拟仿真软件的具体功能和安装环境要求，了解 RbtAms 软件的安装及使用方法，掌握使用 RbtAms 软件进行各种类型的工业机器人安装的方法，使学生通过使用 RbtAms 软件全面了解工业机器人本体的各种结构的安装和拆卸，掌握工业机器人的安装、调试工作，并与实践结合进行全面学习。

## 4.2 教 学 目 的

通过本项目的学习了解 RbtAms 工业机器人装配与 3D 虚拟仿真软件的具体功能和安装环境要求，了解 RbtAms 软件的安装及使用方法，掌握使用 RbtAms 软件进行各种类型工业机器人的安装方法，熟练操作 RbtAms 软件进行工业机器人本体的各种结构的安装和拆卸，为熟练安装、调试各种类型的工业机器人起到一个入门作用，学生可以按照本项目所讲的操作方法同步操作，为后续学习更加复杂的内容打下坚实的基础。

## 4.3 知 识 准 备

工业机器人装配与
3D 虚拟仿真软件演示

### 4.3.1 认识 RbtAms 工业机器人装配与 3D 虚拟仿真软件

RbtAms 工业机器人装配与 3D 虚拟仿真软件主要是为了完成工业机器人本体装配、工业机器人集成项目搭建的三维装配软件，针对工业机器人机械结构拆卸和装配的三维仿真软件。其界面如图 4-1 所示，该软件支持自动装配与拆卸、3D 交互方式的手动装配与拆卸、零件与组件的拆卸与装配、装配过程中所需工具的选择以及拆装全过程的信息记录与提示等功能，具有真实感强、操作简单、便于自学等优点。软件适合学校和培训机构教学，教师可通过软件进行工业机器人基础学习和与学生进行信息交互。

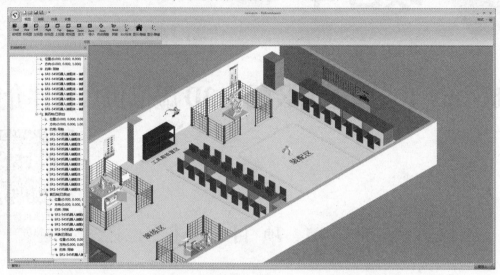

图4-1　RbtAms工业机器人装配与3D虚拟仿真软件界面

**1. 产品特点**

（1）基于工业机器人实体造型的三维场景建模。

（2）支持实时3D操作：旋转、缩放、平移等。

（3）支持装配与拆卸过程动画示教。

（4）支持3D交互方式的手动拆卸与手动装配模式。

（5）支持零件/组件的拆卸与装配。

（6）支持拆卸与装配所需工具的选择。

（7）拆卸与装配全过程信息记录与提示。

（8）支持爆炸图功能。

**2. 软件模块**

工业机器人及配套设备的三维模型装配。

**3. 教学功能**

（1）满足工业机器人的认知、安装、调试等教学内容。

（2）完善的教学管理系统。

（3）完善的考试管理系统。

## 4.3.2　了解 RbtAms 工业机器人装配与 3D 虚拟仿真软件的安装与授权

**1. 软件安装基本要求**

（1）系统要求：Windows XP/Windows 7/Windows 8/Windows 10。

（2）电脑硬件要求：英特尔奔腾4/AMD Athlon 双核处理器 3.0 GHz 或英特尔、AMD 的双核处理器 1.6 GHz 或更高，支持 SSE2、2 GB 内存、1.8 GB 空闲磁盘空间进行安装，

1 280×1 024 真彩色视频显示器适配器，128 MB 以上独立图形卡。

**2. 安装过程**

双击如图 4–2 所示的 RbtAms 工业机器人装配与 3D 虚拟仿真软件安装包图标，按照提示依次单击"下一步"按钮，直到安装完成为止。

**3. 软件授权方式**

软件安装完成后，随软件光盘会带有一个加密狗 U 盘，如图 4–3 所示，把加密狗 U 盘插在电脑的 USB 接口上，双击桌面上的软件图标，图 4–4 所示为 RbtAms 软件安装完成后桌面显示图标，弹出如图 4–5 所示的 RbtAms 工业机器人装配与 3D 虚拟仿真软件"未注册"提示，软件会自动关闭提示语，单击"确定"按钮后，在注册过程中首先进入软件安装根目录，找到根目录下自动生成的 sn.dat 注册文件，如图 4–6 所示，把该文件发给软件官方获取授权，等待官方验证后，会收到一个包括了注册信息的 sn.dat 文件，使用该文件替换掉原来的 sn.dat 文件，完成好授权过程后，软件即可正常使用。

图 4–2　RbtAms 工业机器人装配与 3D 虚拟仿真软件安装包图标

图 4–3　RbtAms 软件附带的加密狗 U 盘

图 4–4　RbtAms 软件安装完成后桌面显示图标

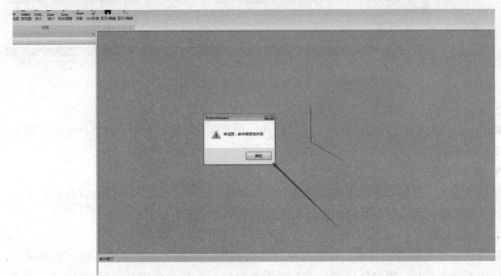

图 4–5　RbtAms 工业机器人装配与 3D 虚拟仿真软件"未注册"提示

sn.dat

图 4–6　RbtAms 软件注册信息文件

### 4.3.3 了解 RbtAms 工业机器人装配与 3D 虚拟仿真软件界面功能

**1. 主窗口界面**

主窗口界面风格比较类似微软的 Office 系列的命令标签式软件风格，比以往的菜单和工具栏界面更加友好和方便操作，主要划分为工作区域、工程树结构窗口、输出窗口、功能选项卡、命令标签卡、快捷选项卡和 RbtAms 菜单主键，图 4-7 所示为 RbtAms 工业机器人装配与 3D 虚拟仿真软件界面。

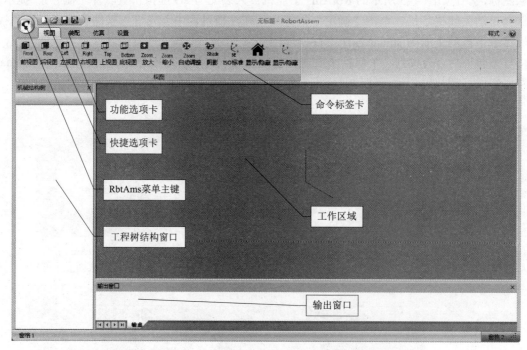

图 4-7　RbtAms 工业机器人装配与 3D 虚拟仿真软件界面

**2. RbtAms 菜单主键**

RbtAms 菜单主键包括项目新建、项目打开、项目保存、项目另存为和项目关闭。图 4-8 所示为 RbtAms 菜单主键。

**3. 快捷选项卡**

快捷选项卡，提供了最常用的功能选项，如新建、打开、保存和另存为以及提供了一个自定义的功能菜单，可以把最常用的工具放置到该菜单中，图 4-9 所示为快捷选项卡。

**4. 功能选项卡**

功能选项卡包括视图菜单、装配菜单、仿真菜单、设置菜单选项栏，每一个菜单中包括最为常用的命令功能，整个软件操作就是频繁地操作一系列命令功能选项，图 4-10 所示为功能选项卡。

功能选项卡包括视图菜单、装配菜单、仿真菜单以及设置菜单。

（1）视图菜单。视图菜单中的功能为软件操作的装配仿真进行图形显示操作，图 4-11 所示为视图菜单，视图菜单说明如表 4-1 所示。

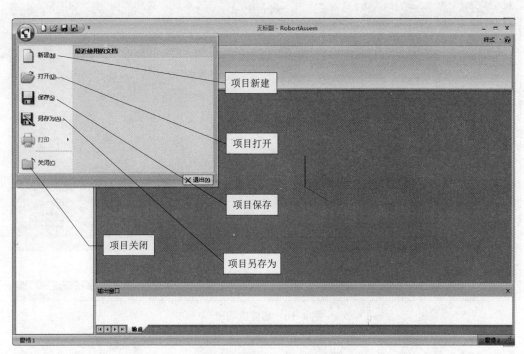

图 4-8　RbtAms 菜单主键

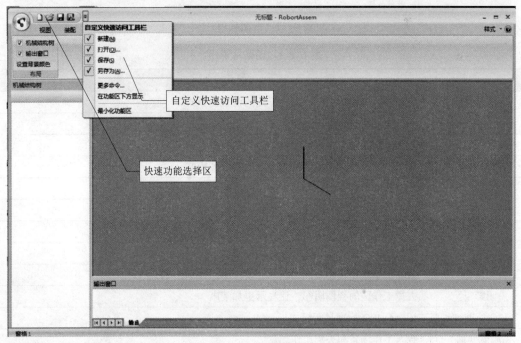

图 4-9　快捷选项卡

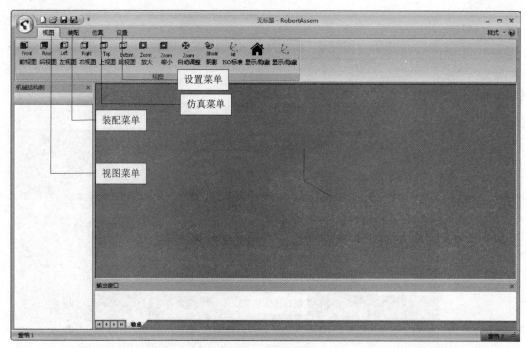

图 4-10  功能选项卡

图 4-11  视图菜单

表 4-1  视图菜单说明

| 功能选项 | 说　　明 |
|---|---|
| 前视图 | 让工作区的整个视图显示为平面的前视图模式 |
| 后视图 | 让工作区的整个视图显示为平面的后视图模式 |
| 左视图 | 让工作区的整个视图显示为平面的左视图模式 |
| 右视图 | 让工作区的整个视图显示为平面的右视图模式 |
| 上视图 | 让工作区的整个视图显示为平面的上视图模式 |
| 底视图 | 让工作区的整个视图显示为平面的底视图模式 |
| 放大 | 让工作区的整个视图进行整体的放大显示 |
| 缩小 | 让工作区的整个视图进行整体的缩小显示 |
| 自动调整 | 自动调整工作区的视图比例，让整个图形显示出来 |
| 阴影 | 去掉工作区的视图阴影，让显示更加清晰 |
| ISO 标准 | 切换至 ISO 标准显示模式 |
| 显示/隐藏（前） | 载入工作场景和去掉工作场景 |
| 显示/隐藏（后） | 让工作区显示各坐标，如去掉会让显示更加清晰，加上显示可以了解各部件几何关系 |

（2）装配菜单。装配菜单是软件的装配操作菜单，该菜单中的功能包括整个装配环节所需的装配功能，图 4-12 所示为装配菜单，装配菜单说明如表 4-2 所示。

图 4-12　装配菜单

表 4-2　装配菜单说明

| 功能选项 | 说　　明 |
| --- | --- |
| 添加组件 | 增加组件到软件内存中，提供给软件进行装配所需要的部件 |
| 重定位 | 重新设置机器人的安装位置 |
| 删除组件 | 删除增加完成的组件 |
| 自动装配 | 自动完成整个装配过程 |
| 按组件 | 按照组件的模式进行装配，从底座开始安装 |
| 按类型 | 按安装类型的模式进行安装，把机器人的部件分为电机类、减速机类、外壳类等 |
| 拆卸零件 | 拆卸某一个零件 |
| 撤销 | 撤销当前操作 |
| 恢复 | 恢复当前操作 |

（3）仿真菜单。仿真菜单中包括机器人的简单仿真操作，如手动操作和自动操作等，图 4-13 所示为仿真菜单，仿真菜单说明如表 4-3 所示。

图 4-13　仿真菜单

表 4-3　仿真菜单说明

| 功能选项 | 说　　明 |
| --- | --- |
| 手动 | 手动仿真，进行手动操作 |
| 自动 | 自动仿真，进行整体自动操作 |

（4）设置菜单。设置菜单中包括常用设置，如机械结构树窗口的显示、输出窗口的显示和设置背景颜色等，图 4-14 所示为设置菜单，设置菜单说明如表 4-4 所示。

图 4-14  设置菜单

表 4-4  设置菜单说明

| 功能选项 | 说　　明 |
| --- | --- |
| 机械结构树 | 显示或隐藏机械结构树窗口 |
| 输出窗口 | 显示或隐藏输出窗口 |
| 设置背景颜色 | 设置背景颜色 |

（5）工程树结构窗口。该窗口显示工业机器人的所有几何关系，在该结构树上可以直接操作，使用非常方便，图 4-15 所示为工程树结构窗口。

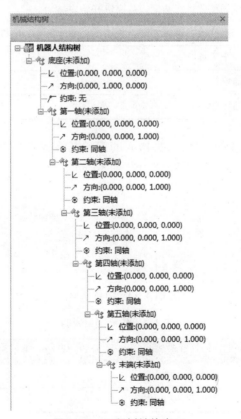

图 4-15  工程树结构窗口

### 5. 工作区域

工作区域为虚拟的装配环境区域，在该区域中显示了所有操作的结果，为该软件的主要操作区域，图 4-16 所示为工作区域窗口。

### 6. 输出窗口

该窗口显示了所有操作的过程记录和错误显示，图 4-17 所示为输出窗口。

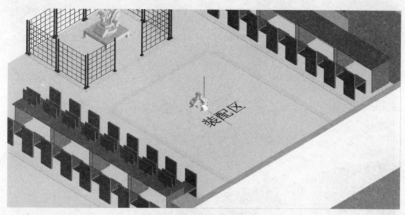

图 4-16　工作区域窗口

图 4-17　输出窗口

## 4.3.4　了解 RbtAms 工业机器人装配与 3D 虚拟仿真软件常用功能

### 1. 鼠标在工作区域中的操作

RbtAms 软件鼠标操作介绍如图 4-18 所示。

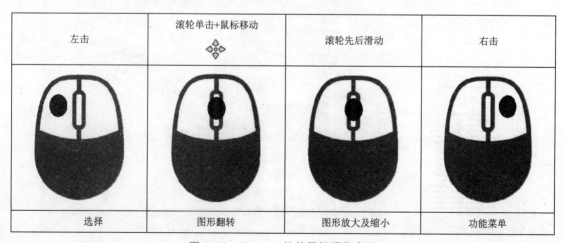

| 左击 | 滚轮单击+鼠标移动 | 滚轮先后滑动 | 右击 |
|---|---|---|---|
| 选择 | 图形翻转 | 图形放大及缩小 | 功能菜单 |

图 4-18　RbtAms 软件鼠标操作介绍

鼠标在工作区域中右击弹出的功能菜单，如图4-19所示。

图4-19　鼠标在工作区域中右击弹出的功能菜单

**2. 鼠标在工程树结构窗口中的操作**

（1）鼠标左击。鼠标选择某个部件，左击后，在工作区域内会透明选择与其对应的部件，图4-20所示为在工程树结构窗口上左击操作。

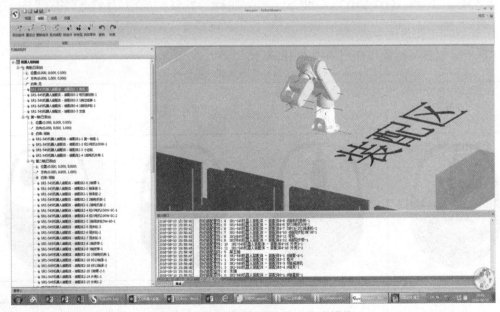

图4-20　在工程树结构窗口上左击操作

（2）鼠标右击。鼠标在工程结构树窗口中选择某个部件，右击会弹出对应的功能选项，如显示该部件、隐藏该部件、给该部件设置颜色、拆卸零件等，图 4-21 所示为在工程树结构窗口上右击操作。

图 4-21　在工程树结构窗口上右击操作

# 4.4　任 务 实 现

## 任务 1　使用 RbtAms 工业机器人装配与 3D 虚拟仿真软件新建工程及载入装配场景

**1. 使用 RbtAms 工业机器人装配与 3D 虚拟仿真软件新建工程**

（1）双击桌面上的 RbtAms 工业机器人装配与 3D 虚拟仿真软件图标，打开如图 4-22 所示的 RbtAms 工业机器人装配与 3D 虚拟仿真软件界面。

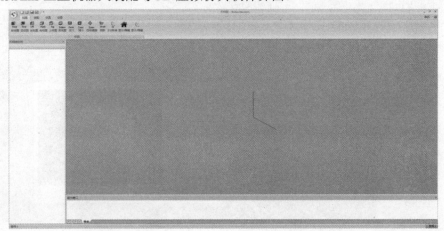

图 4-22　RbtAms 工业机器人装配与 3D 虚拟仿真软件界面

（2）在快捷选项卡上单击新建功能，弹出如图4-23所示的新建窗口。

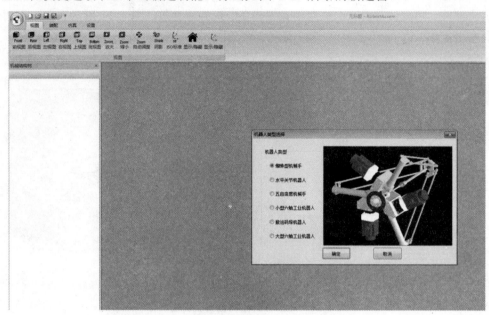

图 4-23　新建窗口

（3）选择需要装配的机器人类型，在此选择小型六轴工业机器人，单击"确定"按钮，图 4-24 所示为选择装配机器人的类型。

（4）自动弹出"另存为"对话框，给项目取一个名字（如"小型六轴工业机器人装配"）后选择一个位置保存，这里以保存到桌面为例进行说明，图 4-25 所示为保存工程与给工程命名。

自动载入工程项目完成，图 4-26 所示为自动载入工业机器人模型到工程项目中直到完成为止。

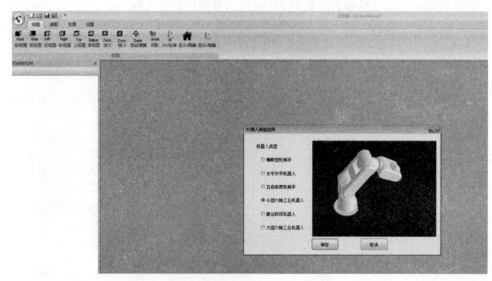

图 4-24　选择装配机器人的类型

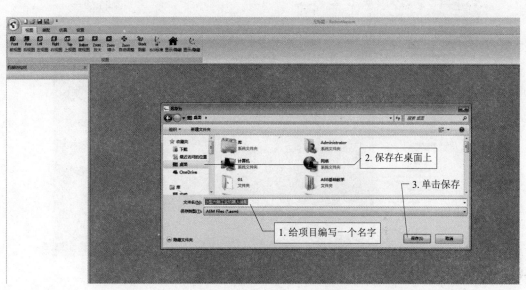

图 4–25　保存工程与给工程命名

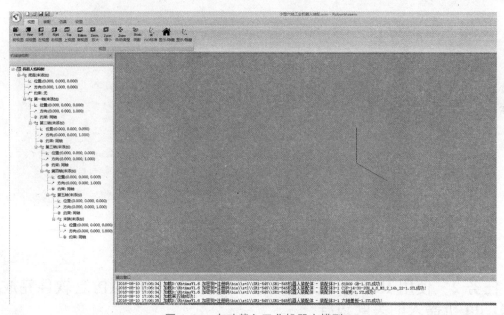

图 4–26　自动载入工业机器人模型

**2. 载入装配场景**

在视图选项栏中找到场景显示\隐藏功能，单击鼠标左键，载入装配场景，如图 4–27 所示。

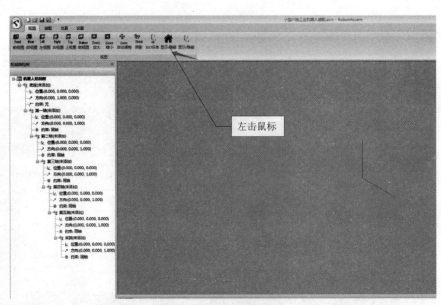

图4-27 载入装配场景

等待片刻，让装配场景载入完成，如图4-28所示。

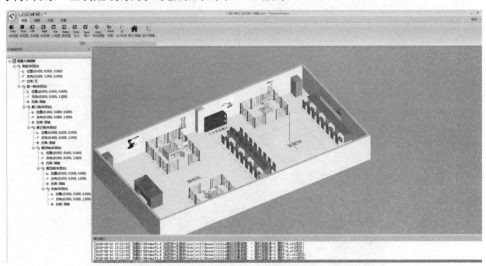

图4-28 载入场景完成

## 任务2 使用 RbtAms 工业机器人装配与 3D 虚拟仿真软件完成并联 Delta 机器人的装配过程

Delta 机器人属于高速、轻载的并联机器人，一般通过示教编程或视觉系统捕捉目标物体，由三个并联的伺服轴确定抓具中心（TCP）的空间位置，实现目标物体的运输、加工等操作。Delta 机器人主要应用于食品、药品和电子产品等加工、装配。Delta 机器人以其重量轻、体积小、运动速度快、定位精确、成本低、效率高等特点而在市场上被广泛应用。

下面使用 RbtAms 工业机器人装配与 3D 虚拟仿真软件完成并联 Delta 机器人的装配

过程。

（1）新建一个 Delta 机器人项目，并载入一个装配场景，图 4–29 所示为选择蜘蛛型机械手，图 4–30 所示为载入场景。

（2）在装配选项卡中选择增加组件选项，增加基座单击"确定"按钮，如图 4–31 所示。

（3）选择一个装配方式，这里选择以组件方式进行装配，安装第一个部件"机器人支架"，选择完成后，单击"确定"按钮，图 4–32 所示为选择组件安装方式，图 4–33 所示为机器人支架安装完成。

按照上述操作，依次完成在工程结构树窗口中显示的基座部分部件，图 4–34 所示为机器人支架安装完成整体效果。

（4）增加一个"驱动臂 1"组件，如图 4–35 所示。

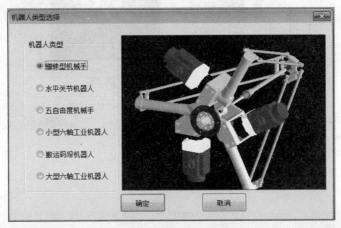

图 4–29　选择蜘蛛型机械手

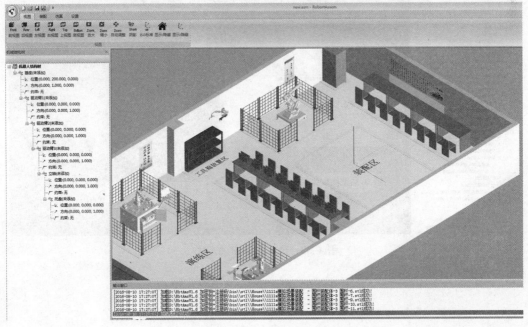

图 4–30　载入场景

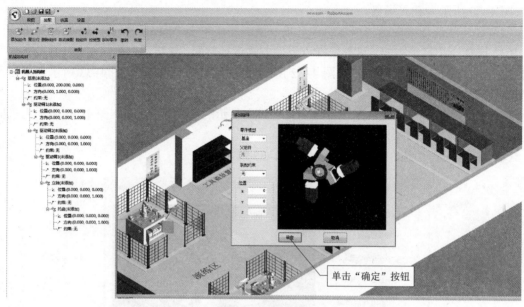

图 4–31　增加基座

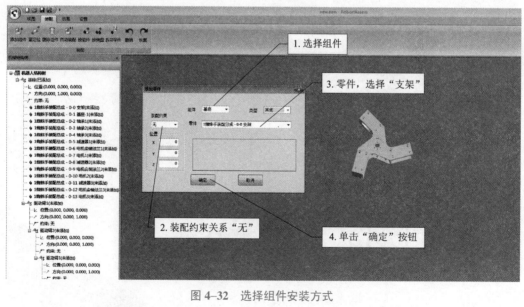

图 4–32　选择组件安装方式

图 4-33　机器人支架安装完成

图 4-34　机器人支架安装完成整体效果

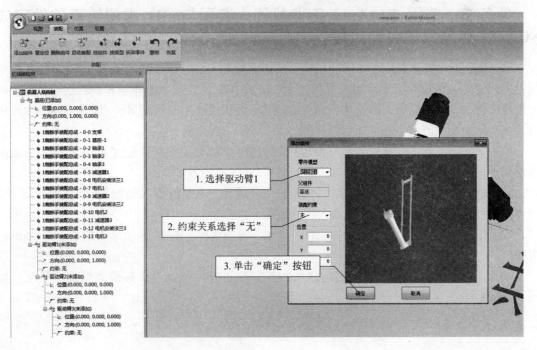

1. 选择驱动臂1

2. 约束关系选择"无"

3. 单击"确定"按钮

图 4-35　增加一个"驱动臂 1"组件

依次按照上述操作，完成整个并联 Delta 机器人的装配过程，如图 4-36 所示，在该过程中，也可以按照类别进行装配，在装配每一个部件时，通过鼠标滚轮进行托转和缩放，熟悉每一个部件的对应关系和并联 Delta 工业机器人的组装过程。

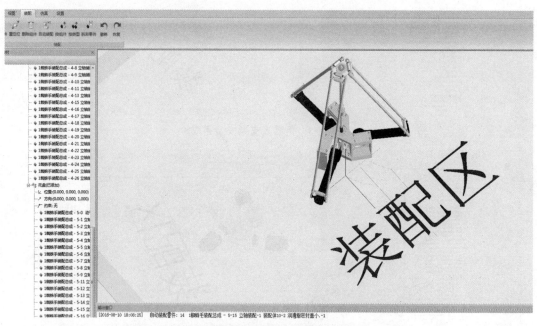

图 4-36　蜘蛛型机器人安装完成

## 任务 3　使用 RbtAms 工业机器人装配与 3D 虚拟仿真软件完成 SCARA 机器人的装配过程

SCARA 工业机器人是一种圆柱坐标型的工业机器人。它依靠两个旋转关节实现 X-Y 平面内的快速定位，依靠一个移动关节和一个旋转关节在 Z 方向上做伸缩和旋转运动。这种结构特性使得 SCARA 机器人擅长从一点抓取物体，然后快速地安放到另一点，因此 SCARA 机器人在自动装配生产线上得到了广泛应用。

使用 RbtAms 工业机器人装配与 3D 虚拟仿真软件完成水平关节式 SCARA 机器人的装配过程如下：

（1）新建一个项目工程，命名为"水平关节式 SCARA 机器人装配"，载入装配场景。图 4-37 所示为选择水平关节式机器人进行装配。

（2）在装配选项卡中选择"增加组件"选项，增加底座。图 4-38 所示为增加一个"底座"组件。

（3）当对水平式关节机器人的组成结构比较熟悉时，可以直接按照类型进行装配，如图 4-39 所示。

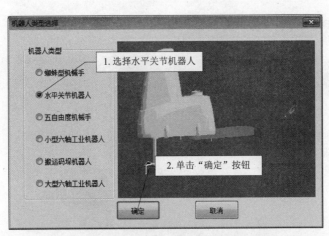

图 4-37　选择水平关节式机器人进行装配

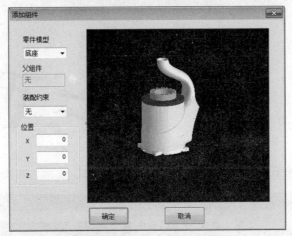

图 4-38　增加一个"底座"组件

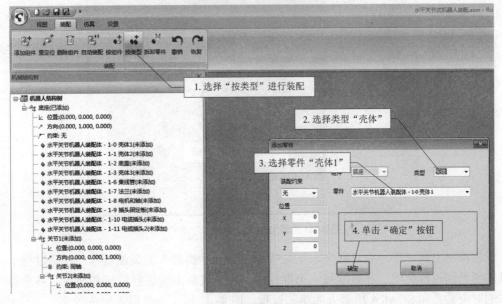

图 4-39　按类型进行装配

按照上述操作，依次完成在工程结构树窗口中显示的底座组装，如图4-40所示。

图4-40　安装好的底座

（4）增加一个"关节1"组件，装配约束选择"同轴"选项，如图4-41所示。

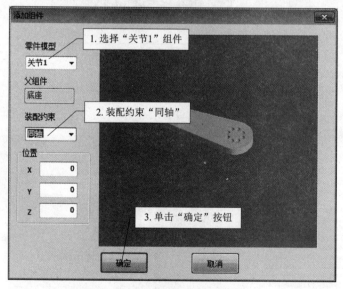

图4-41　增加一个"关节1"组件

依次按照上述操作，完成整个水平关节式SCARA机器人的装配过程，在该过程中，也可以按照类别进行装配，在装配每一个部件时，通过鼠标滚轮进行托转和缩放，熟悉每一个部件的对应关系和SCARA机器人的组装过程，图4-42所示为机器人完成效果。

图 4-42　机器人完成效果

## 任务 4　使用 RbtAms 工业机器人装配与 3D 虚拟仿真软件完成六轴机器人的装配过程

六轴工业机械手是多关节、多自由度的机器人，动作多，变化灵活；是一种柔性技术较高的工业机器人，应用面也较为广泛，六轴工业机械手比四轴工业机械手多两个关节，因此有更多的"行动自由度"。六轴工业机械手是一款结构紧凑、全密封性的多功能六轴垂直多关节机器人，采用绝对值式伺服电动机驱动，在同类产品中具有一定的优势。

六轴机器人比四轴机器人多两个关节，因此有更多的"行动自由度"。六轴工业机械手的第一个关节能像四轴机械手一样在水平面自由旋转，后两个关节能在垂直平面移动。此外，六轴机械手有一个"手臂"，两个"腕"关节，这让它具有人类的手臂和手腕类似的能力。六轴机器人更多的关节意味着它们可以拿起水平面上任意朝向的部件，以特殊的角度放入产品里；它们还可以执行许多由熟练工人才能完成的操作。

使用 RbtAms 工业机器人装配与 3D 虚拟仿真软件完成六轴机器人的装配过程如下：

（1）新建一个项目工程，命名为"小型六轴工业机器人装配"，载入装配场景。图 4-43 所示为安装小型六轴工业机器人。

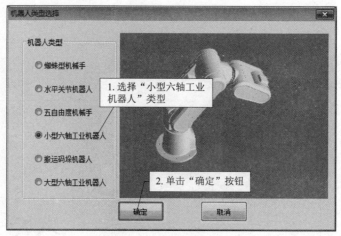

图4-43　安装小型六轴工业机器人

（2）在装配选项卡中选择"增加组件"选项，增加底座。图4-44所示为增加"底座"组件。

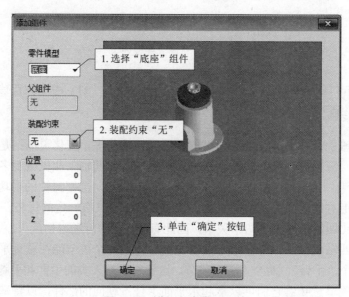

图4-44　增加"底座"组件

（3）当对六轴串联机器人的组成结构比较熟悉时，也可以直接按组件模式进行装配，如图4-45所示。

按照上述操作，依次完成在工程结构树窗口中显示的底座部分部件，如图4-46所示。

（4）增加一个"关节1"组件，装配约束选择"同轴"，如图4-47所示。

依次按照上述操作，完成整个六轴机器人的装配过程，在该过程中，也可以按照类别进行装配，在装配每一个部件时，通过鼠标滚轮进行托转和缩放，熟悉每一个部件的对应关系和六轴机器人的组装过程。图4-48所示为六轴机器人装配完成。

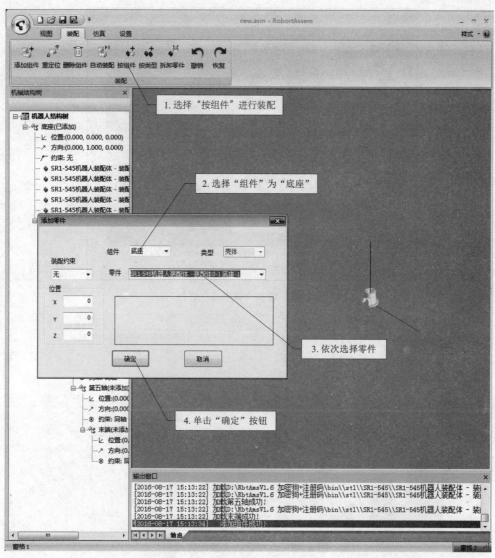

图 4-45　按组件模式装配机器人

图 4-46　底座安装完成

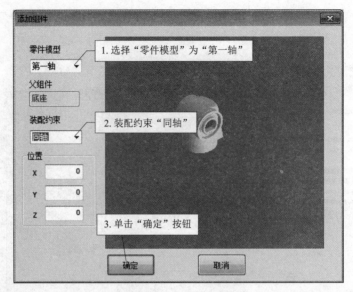

图 4-47　增加"关节1"组件

图 4-48　六轴机器人装配完成

## 任务5　使用 RbtAms 工业机器人装配与 3D 虚拟仿真软件完成搬运码垛机器人的装配过程

随着时代的发展，高效、快速是生产技术的主要目标，为解放更多劳动力，提高生产效率，降低生产成本，缩短生产周期，智能搬运机器人便应运而生，它可以代替人工进行货物的分类、搬运和装卸工作或代替人类搬运危险物品，如放射性物质、有毒物质等，降低工人的劳动强度，提高生产和工作效率，保证工人的人身安全，实现自动化、智能化、无人化。智能搬运机器人使用微处理器使机器人具有简单的思维能力，利用较为先进的传感器准确地识别物体，由处理器进行分析处理，并通过驱动系统和机械机构做出相应的反应。搬运码垛机器人可以广泛应用于自动化无人工厂、车间、货运站、码头等较多劳动力的场所，可使工作效率提高 50%左右，大大降低成本，并实现节能环保。

使用 RbtAms 工业机器人装配与 3D 虚拟仿真软件完成搬运码垛机器人的装配过程如下：

（1）新建一个项目工程，命名为"搬运码垛机器人装配"，载入装配场景，如图 4–49 所示。

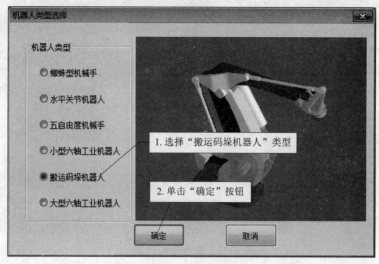

图 4–49　安装搬运码垛机器人

（2）在装配选项卡中选择"增加组件"选项，增加底座，如图 4–50 所示。

（3）当对搬运码垛机器人的组成结构比较熟悉时，也可以直接按照组件进行装配，如图 4–51 所示。

按照上述操作，依次完成在工程结构树窗口中显示的底座部分部件，如图 4–52 所示。

（4）增加一个"第一轴"组件，装配约束选择"无"，如图 4–53 所示。

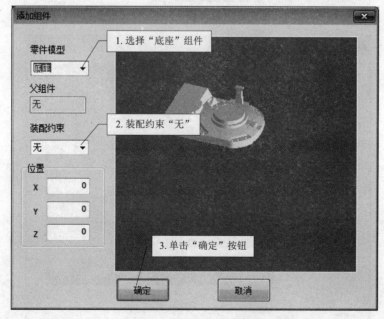

图 4–50　增加"底座"组件

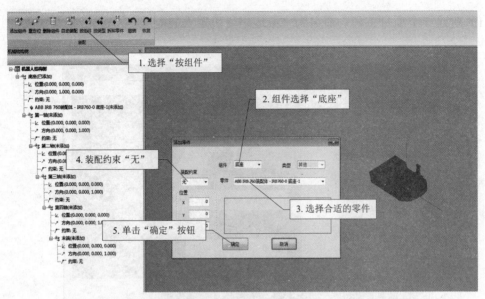

图 4-51 底座结构安装

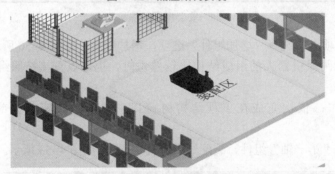

图 4-52 底座整体显示效果

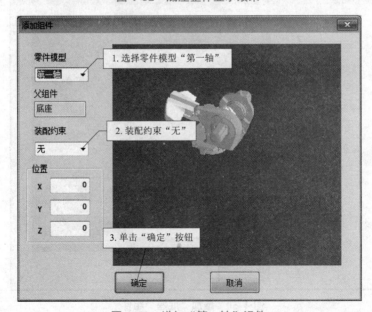

图 4-53 增加"第一轴"组件

按照上述操作，完成整个搬运码垛机器人的装配过程，如图 4–54 所示，在该过程中，也可以按照类别进行装配，在装配每一个部件时，通过鼠标滚轮进行托转和缩放，熟悉每一个部件的对应关系和搬运码垛机器人的组装过程。

图 4–54 搬运码垛机器人装配完成

## 任务 6 使用 RbtAms 工业机器人装配与 3D 虚拟仿真软件完成六轴机器人的仿真操作

通过 RbtAms 工业机器人装配与 3D 虚拟仿真软件学习六轴机器人虚拟仿真操作，有助于更好地了解工业机器人的结构和运动方式。

下面通过 RbtAms 工业机器人装配与 3D 虚拟仿真软件进行六轴机器人的仿真操作：

（1）在选项卡菜单上选择"仿真"菜单，在"仿真"选项卡上有两个仿真模式。手动模式和自动模式，选择"手动"模式，如图 4–55 所示。

图 4–55 "手动"模式进行仿真

（2）弹出手动操作界面，在该菜单中可以通过设置参数进行手动仿真操作，如图 4–56 所示。

① 设置仿真速度，以百分比作为单位，默认为 50%。

② 操作每个关节的角度，依次调节 6 个关节角度，让机器人处于一个位置上。

③ 单击"记录位置"按钮，记录当前位置点。

④ 再次操作每个关节角度，记录每个关节角度，让机器人处于另一个位置上。

⑤ 依次操作调节每个关节角度和记录坐标点。

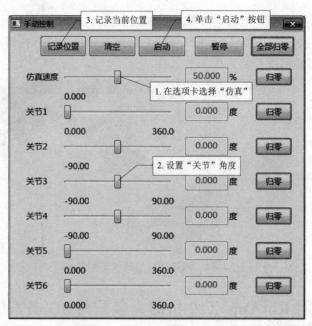

图 4-56 "手动"模式参数设置

⑥ 单击"启动"按钮开始仿真操作。

⑦ 可以选择"全部归零"操作让机器人回到原点位置和选择"暂停"按钮让机器人停止或者选择"清空"按钮，清空所有记录的点位。

（3）停止仿真，选择"全部归零"或者对某一个轴进行"归零"操作，如图 4-57 所示。

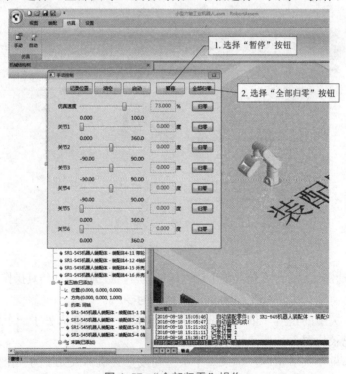

图 4-57 "全部归零"操作

# 4.5　考　核　评　价

### 考核任务 1　熟练掌握并联 Delta 机器人的装配与仿真

要求：熟练掌握并联 Delta 工业机器人的结构组成形式；熟练掌握并联 Delta 工业机器人的安装、拆卸、更换的具体顺序及技巧，能结合实践项目进行现场安装、调试和日常维护任务；能用专业语言正确流利地描述配置的基本步骤，思路清晰、有条理；能圆满回答老师与同学提出的问题，并能提出一些新的建议。

### 考核任务 2　熟练掌握水平 SCARA 机器人的装配与仿真

要求：熟练掌握水平 SCARA 机器人的结构组成形式；熟练掌握水平 SCARA 机器人的安装、拆卸、更换的具体顺序及技巧，能结合实践项目进行现场安装、调试和日常维护任务；能用专业语言正确流利地描述配置的基本步骤，思路清晰、有条理；能圆满回答老师与同学提出的问题，并能提出一些新的建议。

### 考核任务 3　熟练掌握六轴机器人的装配与仿真

要求：熟练掌握六轴机器人的结构组成形式；熟练掌握六轴机器人的安装、拆卸、更换的具体顺序及技巧，能结合实践项目进行现场安装、调试和日常维护任务；能用专业语言正确流利地描述配置的基本步骤，思路清晰、有条理，能圆满回答老师与同学提出的问题，并能提出一些新的建议。

### 考核任务 4　熟练掌握搬运码垛机器人的装配与仿真

要求：熟练掌握搬运码垛机器人的结构组成形式；熟练掌握搬运码垛机器人的安装、拆卸、更换的具体顺序及技巧，能结合实践项目进行现场安装、调试和日常维护任务；能用专业语言正确流利地描述配置的基本步骤，思路清晰、有条理；能圆满回答老师与同学提出的问题，并能提出一些新的建议。

# 项目 5

# 工业机器人常用基础件的维护

工业机器人常用
基础件的维护

## 5.1 项 目 描 述

本项目学习内容主要包括以 ABB IRB120 工业机器人为例了解工业机器人常用基础件、工业机器人常用基础件的连接关系；掌握工业机器人的日常保养以及 IRB120 工业机器人本体基础件的基本维护方法；通过 ABB IRB120 工业机器人本体基础件的维护，熟练掌握工业机器人基础件的日常维护工作，并与实践结合进行全面学习。

## 5.2 教 学 目 的

通过本项目的学习了解 ABB IRB120 工业机器人本体的常用基础件类型，掌握工业机器人本体常用基础件之间的连接关系，熟练掌握以 ABB IRB120 为例的典型工业机器人日常保养技能，可以按照本项目所讲的操作方法同步操作，为后续学习更加复杂的内容打下坚实的基础。

## 5.3 知 识 准 备

### 5.3.1 认识工业机器人常用基础件

除了减速器外，工业机器人的机械传动系统同样需要使用轴承、同步皮带、滚珠丝杠、直线导轨等机电一体化设备常用的基础部件。

轴承是支撑机械旋转体的基本部件，几乎任何机电设备都需要使用。工业机器人所使用的轴承除了常规的球轴承、圆柱滚子轴承、圆锥滚子轴承外，还较多地使用交叉滚子轴承

（Cross Roller Bearing，CRB）。

同步带传动无转差、速比恒定、传动平稳、吸振性好、噪声小且无须润滑、使用灵活，是工业机器人常用的传动部件。

滚珠丝杠具有传动效率高、运动灵敏平稳、定位精度高、精度保持性好、维护简单等优点，是机电一体化设备直线运动系统广泛使用的传动部件。工业机器人的直线运动轴几乎都需要采用滚珠丝杠传动。

直线滚动导轨的灵敏性好、精度高、使用简单，是高速、高精度设备最常用的直线导向部件。工业机器人的直线运动轴同样广泛使用直线滚动导轨。

## 5.3.2　了解工业机器人常用基础件的日常保养

以 ABB IRB120 工业机器人为例进行讲解，间隔维护时间用不同方式规定，这取决于待执行维护活动的类型和 ABB IRB120 的工作条件。表 5-1 所示为 ABB IRB120 工业机器人本体维护保养计划。

（1）日历时间：按月数规定，而不论系统运行与否。

（2）操作时间：按操作小时数规定。更频繁的运行意味着更频繁的维护活动。

（3）SIS：由机器人的 SIS（Service Information System）规定。间隔时间值通常根据典型的工作循环来给定，但此值会因各部件的负荷强度而存在差异。

工业机器人由机器人和控制器机柜组成，必须定期对其进行维护，以确保其功能正常发挥。维护活动及其相应的间隔在表 5-1 中进行了明确说明。

不可预测的情形也会导致对工业机器人进行检查。必须及时注意任何损坏，检查间隔未明确说明每个组件的使用寿命。

表 5-1　ABB IRB120 工业机器人本体维护保养计划

| 维护活动 | 设　　备 | 间　　隔 | 维护保养环节 |
| --- | --- | --- | --- |
| 检查 | 机器人 | 定期 | 检查异常磨损或污染 |
| 检查 | 阻尼器，轴 1、轴 2 和轴 3 | 定期 | 检查阻尼器 |
| 检查 | 电缆线束 | 定期 | 检查机器人布线 |
| 检查 | 同步带 | 36 个月 | 检查同步带 |
| 检查 | 塑料盖 | 定期 | 检查塑料盖 |
| 检查 | 机械停止销 | 定期 | 检查机械停止 |
| 更换 | 电池组，RMU101 或 RMU102（3 极电池触点测量系统） | 36 个月或电池低电量警告 | 更换电池组 |
| 更换 | 电池组，2 极电池触点测量系统 | 低电量警告 | 更换电池组 |
| 清洁 | 完整机器人 | 定期 | 清洁机器人 |

“定期”意味着要定期执行相关活动，但实际的间隔可以不遵守机器人制造商的规定。此间隔取决于机器人的操作周期、工作环境和运动模式。通常来说，环境的污染越严重，运动模式越苛刻（电缆线束弯曲越厉害），间隔也越短。

# 5.4　任务实现

## 任务1　检查工业机器人本体布线

检查工业机器人本体布线包括机器人布线以及机器人与控制器机柜之间的布线。

所需工具和设备如下：

（1）目视检查，无须工具。

（2）如果需要更换备件，则可能需要其他工具和步骤，这些均在更换步骤中指定。

（3）检查机器人布线。

（4）使用表5-2中的操作步骤，检查机器人布线。

表5-2　检查工业机器人本体布线的操作步骤

| 序号 | 操　　作 |
|---|---|
| 1 | 关闭连接到机器人的所有：<br>● 机器人的电源；<br>● 机器人的液压源；<br>● 机器人的气压源 |
| 2 | 目测检查：<br>机器人与控制器之间的控制布线；<br>查找磨损、切割或挤压损坏 |
| 3 | 如果检测到磨损或损坏，则更换布线 |

## 任务2　检查工业机器人机械停止

图5-1所示为ABB IRB120工业机器人本体机械停止位置"轴1"。图5-2所示为ABB IRB120工业机器人本体机械停止位置"轴2"。图5-3所示为ABB IRB120工业机器人本体机械停止位置"轴3"。

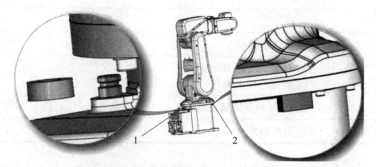

**图5-1　ABB IRB120工业机器人本体机械停止位置"轴1"**

1—机械停止轴1（底座）；2—机械停止轴1（摆动平板）

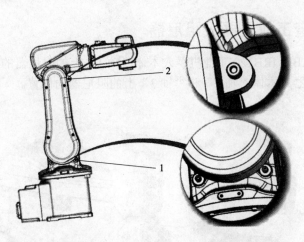

**图 5-2 ABB IRB120 工业机器人本体机械停止位置 "轴 2"**

1—机械停止轴 2（摆动壳）；2—机械停止轴 3（上臂）

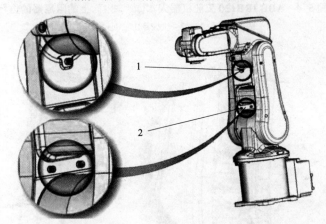

**图 5-3 ABB IRB120 工业机器人本体机械停止位置 "轴 3"**

1—机械停止轴 3（上臂）；2—机械停止轴 2（下臂）

使用表 5-3 所示的操作步骤检查轴 1、轴 2 和轴 3 上的机械停止位置。

表 5-3 检查轴 1、轴 2 和轴 3 上的机械停止位置

| 序号 | 操　作 |
| --- | --- |
| 1 | 关闭连接到机器人的所有：<br>● 电源；<br>● 液压源；<br>● 气压源。<br>然后再进入机器人工作区域 |
| 2 | 检查机械停止 |
| 3 | 当机械停止出现下列情况时，则进行更换：<br>● 弯曲；<br>● 松动；<br>● 损坏 |

### 任务3　检查工业机器人阻尼器

图5-4所示为ABB IRB120工业机器人本体"轴1"上的阻尼器的位置。图5-5所示为ABB IRB120工业机器人本体"轴2"和"轴3"上的阻尼器的位置。

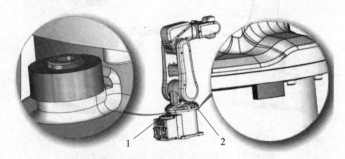

图5-4　ABB IRB120工业机器人本体"轴1"上的阻尼器的位置

1—阻尼器（轴1）；2—机械停止轴1（摆动平板）

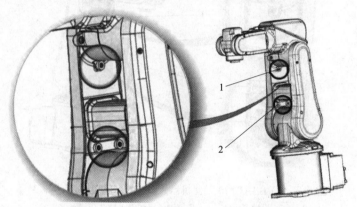

图5-5　ABB IRB120工业机器人本体"轴2"和"轴3"上的阻尼器的位置

1—阻尼器（轴3）；2+阻尼器（轴2）

使用表5-4所示的操作步骤检查"轴2"和"轴3"上的阻尼器。

表5-4　检查"轴2"和"轴3"上的阻尼器

| 序号 | 操作 |
|------|------|
| 1 | 关闭机器人的所有电力、液压和气压供给 |
| 2 | 检查所有阻尼器是否出现以下类型的损坏：<br>● 裂纹；<br>● 现有印痕超过1 mm |
| 3 | 检查所有连接螺钉是否变形 |
| 4 | 如果检测到任何损坏，则必须更换新的阻尼器 |

## 任务 4　检查工业机器人同步带

图 5-6 所示为 ABB IRB120 工业机器人本体"轴 3"上的同步带的位置；图 5-7 所示为 ABB IRB120 工业机器人本体"轴 5"上的同步带的位置。

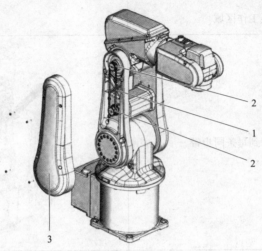

**图 5-6　ABB IRB120 工业机器人本体"轴 3"上的同步带的位置**
1—同步带（轴 3）；2—同步皮带轮（2 pcs）；3—下臂盖

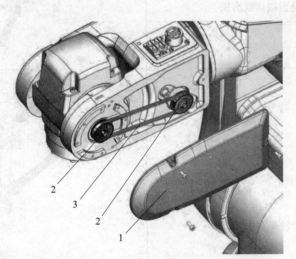

**图 5-7　ABB IRB120 工业机器人本体"轴 5"上的同步带的位置**
1—手腕侧盖；2—同步皮带轮（2 pcs）；3—同步带（轴 5）

使用表 5-5 所示的操作步骤检查"轴 3"和"轴 5"上的同步带。

表 5-5　检查"轴 3"和"轴 5"上的同步带

| 序号 | 操　作 | 说　明 |
|---|---|---|
| 1 | 关闭连接到机器人的所有：<br>● 电源；<br>● 液压源；<br>● 压源。<br>然后进入机器人工作区域 | |
| 2 | 卸除盖子即可看到每条同步带 | |
| 3 | 检查同步带是否损坏或磨损 | |
| 4 | 检查同步皮带轮是否损坏 | |

续表

| 序号 | 操　作 | 说　明 |
|---|---|---|
| 5 | 如果检测到任何损坏或磨损，则必须更换该部件 | |
| 6 | 检查每条皮带的张力。<br>如果皮带张力不正确，应进行调整 | 轴 3：<br>新皮带 $F=18\sim19.7\,\text{N}$<br>旧皮带 $F=12.5\sim14.3\,\text{N}$<br>轴 5：<br>新皮带 $F=7.6\sim8.4\,\text{N}$<br>旧皮带 $F=5.3\sim6.1\,\text{N}$ |

## 任务 5　检查工业机器人塑料盖

ABB IRB120 工业机器人本体塑料盖介绍及其说明如图 5-8 所示。

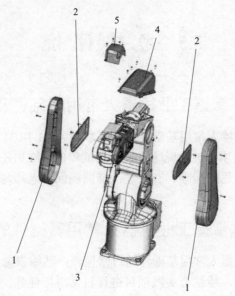

图 5-8　ABB IRB120 工业机器人本体塑料盖介绍

1—下臂盖（2 pcs）；2—腕侧盖（2 pcs）；3—护腕；4—壳盖；5—倾斜盖

按照表 5-6 所示的操作步骤检查 ABB IRB120 工业机器人本体塑料盖。

表 5-6　检查 ABB IRB120 工业机器人本体塑料盖

| 序号 | 操　作 |
|---|---|
| 1 | 关闭机器人的所有电力、液压和气压供给 |
| 2 | 检查塑料盖是否存在以下情况：<br>● 裂纹；<br>● 其他类型的损坏 |
| 3 | 检查所有连接螺钉是否变形 |
| 4 | 如果检测到裂纹或损坏，则更换塑料盖 |

### 任务 6  清洁 ABB IRB120 工业机器人本体

为保证较长的正常运行时间，应定期清洁 ABB IRB120 工业机器人本体。清洁的时间间隔取决于机器人工作的环境。

不同防护类型 ABB IRB120 工业机器人本体的清洁方法如表 5–7 所示。

表 5–7  不同防护类型 ABB IRB120 工业机器人本体的清洁方法

| 防护类型 | 清洁方法 | | | |
|---|---|---|---|---|
| | 真空吸尘器 | 用布擦拭 | 用水冲洗 | 高压水或蒸汽 |
| Standard（标准） | 是 | 是，使用少量清洁剂 | 否 | 否 |
| Clean room（洁净室） | 是 | 是，使用少量清洁剂、酒精或异丙醇酒精 | 否 | 否 |

# 5.5  考 核 评 价

### 考核任务 1  熟练掌握工业机器人常用基础件及基本结构

要求：熟练了解工业机器人常用基础件；熟练掌握 ABB IRB120 工业机器人本体的基础件的基本结构，能结合实践项目进行现场安装、调试和日常维护任务；能用专业语言正确流利地描述配置的基本步骤，思路清晰、有条理；能圆满回答老师与同学提出的问题，并能提出一些新的建议。

### 考核任务 2  熟练掌握工业机器人常用基础件的日常保养

要求：熟练了解工业机器人常用基础件的日常保养；熟练掌握 ABB IRB120 工业机器人本体的基本件日常保养方法，能结合实践项目进行日常维护任务；能用专业语言正确流利地描述日常保养的基本步骤，思路清晰、有条理；能圆满回答老师与同学提出的问题，并能提出一些新的建议。

# 项目 6

## 工业机器人机械结构件的维修

工业机器人机械
结构件的维修

## 6.1 项 目 描 述

本项目学习内容主要包括：以 ABB IRB120 工业机器人为例认识工业机器人常用基础件的结构、ABB IRB120 工业机器人本体基础件的故障诊断、工业机器人常用基础件的拆装关系、工业机器人基础件的基本维修方法，以及 IRB120 工业机器人本体基础件的拆卸和安装过程，通过 ABB IRB120 工业机器人本体的基础件的维护、维修，熟练掌握工业机器人本体的维护、维修工作，并与实践结合起来进行全面学习。

## 6.2 教 学 目 的

通过本项目的学习了解 ABB IRB120 工业机器人本体的常用基础件结构，掌握工业机器人本体常用基础件的故障诊断和结构件的拆装关系，熟练掌握工业机器人基础件的基本维修技能，可以按照本项目所讲的操作方法同步实践操作，为后续学习更加复杂的内容打下坚实基础。

## 6.3 知 识 准 备

### 6.3.1 认识工业机器人机械部件结构件

通过前面的学习可以知道，尽管工业机器人的形态各异，但它们都是由若干关节和连杆，通过不同的结构设计和机械连接所组成的机械装置。基本构件结构简单，传动系统组成类似，核心部件种类单一，是工业机器人机械部件组成和结构的基本特点。因此，就机械结构而言，工业机器人与数控机床、FMC、FMS 等自动化加工设备相比，实际上只是一种小型、简单的机电一体化设备。

从使用和维修的角度考虑，工业机器人的机身、手臂体、手腕体等部件大都是支撑、连接机械传动部件的普通零件，它们仅对机器人的外形、刚性等有一定的影响。这些零件的结构简单、加工制造容易，且在机器人正常使用过程中不存在运动和磨损，部件损坏的可能性较小，实际上很少需要维护和维修。

在工业机器人的机械部件中，减速器、轴承、同步带、滚珠丝杠、直线导轨等传动部件是直接决定机器人运动速度、定位精度、承载能力等关键技术指标的核心部件。它们的结构大都比较复杂，加工制造难度大，而且存在运动和磨损。因此，它们是工业机器人机械维护、修理的主要对象。

工业机器人的机械核心部件制造需要有特殊的工艺和加工、检测设备，目前一般都由专业生产厂家进行标准化生产，机器人生产厂家只需要根据机器人的性能要求，选购相应的标准产品。机械核心通常都为运动部件，为了保证其工作可靠，维护显得十分重要；此外，在工业机器人的使用过程中，如出现机械核心部件损坏，就需要对其进行整体更换、重新安装及调整。因此，机械核心部件的安装与维护是工业机器人生产制造、使用、维护维修的重要内容。

### 6.3.2　了解工业机器人本体更换部件通用操作

本项目以 ABB IRB120 工业机器人本体为例进行说明，在对工业机器人本体进行维修时，一般情况下比较容易损伤机器人本体表面漆层，应按表 6-1 至表 6-3 所示进行操作。

表 6-1　修复机器人本体表面漆层所需工具

| 设　　备 | 注　　释 | 设　　备 | 注　　释 |
|---|---|---|---|
| 密封剂 | Sikaflex 521 FC，白色 | 小刀 | — |
| 调整销 | 宽 6～9 mm，木制 | 无绒布 | — |
| 清洁剂 | 乙醇 | 修补漆料 | — |

表 6-2　拆卸工业机器人本体的一般步骤

| 标号 | 操　　作 | 描　　述 |
|---|---|---|
| 1 | 用小刀切割待拆卸部件与结构接缝处的漆层，以免漆层开裂 | |
| 2 | 仔细打磨结构上残留的漆层毛边，以获得光滑表面 | |

表6–3　拆卸工业机器人本体的一般安装过程

| 标号 | 操　作 | 描　述 |
|---|---|---|
| 1 | 在重新装上部件之前，对接缝进行清洁，使其无油/脂 | 使用蘸有乙醇的无绒布 |
| 2 | 将调整销放入热水中 | |
| 3 | 用 Sikaflex 521FC 密封所有重新装上的接缝 | |
| 4 | 用调整销对 Sikaflex 密封剂表面进行平整 | |
| 5 | 等待 15 min | Sikaflex 521FC 表面干燥时间（15 min） |

### 6.3.3　了解工业机器人本体电缆线束的拆卸与更换

ABB IRB120 工业机器人本体电缆线束的位置如图 6–1 所示。

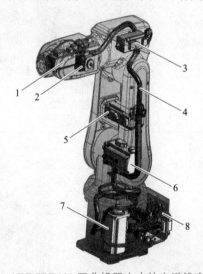

图 6–1　ABB IRB120 工业机器人本体电缆线束的位置

1—电动机轴 6；2—电动机轴 5；3—电动机轴 4；4—电缆线束；5—电动机轴 3；6—电动机轴 2；7—平板；8—电动机轴 1

**1. 拆除工业机器人本体各关节的电缆线束**

拆除工业机器人本体手腕上臂壳体、下臂和基座中的电缆线束步骤，如表 6-4 至表 6-7 所示。

表 6-4　拆除工业机器人本体手腕中的电缆线束

| 标号 | 操　　作 | 描　　述 |
|---|---|---|
| 1 | 将轴 1 微动至 90° 位置 | |
| 2 | 拧下将摆动壳固定在底座上的两个止动螺钉 | 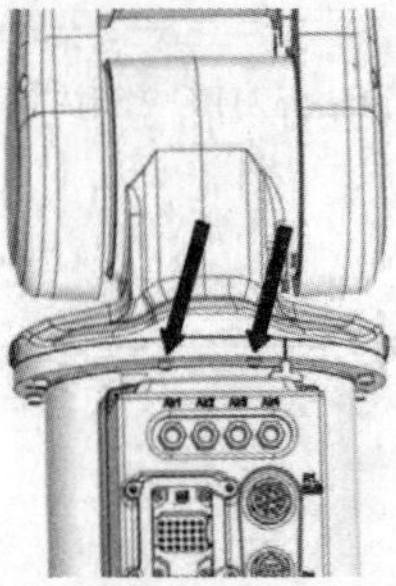 |
| 3 | 微动控制：<br>● 轴 1 至 0° 位置；<br>● 轴 2 至 -50° 位置；<br>● 轴 3 至 50° 位置；<br>● 轴 4 至 0° 位置；<br>● 轴 5 至 90° 位置；<br>● 轴 6 不动 | |
| 4 | 卸下手腕两侧的侧盖 | 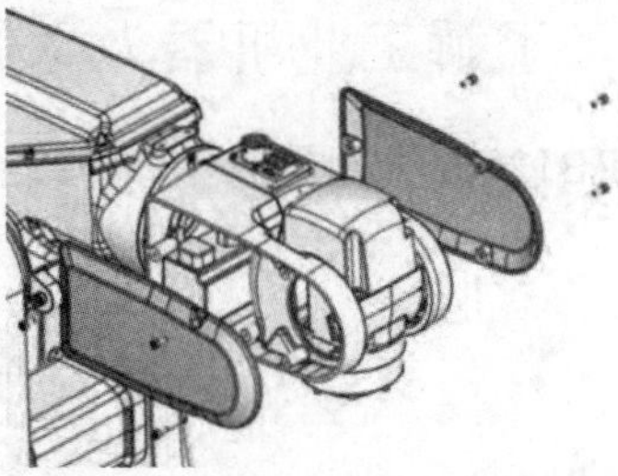 <br>部件：<br>腕侧盖（2 个）；<br>止动螺钉（6 个） |
| 5 | 卸下倾斜盖 | 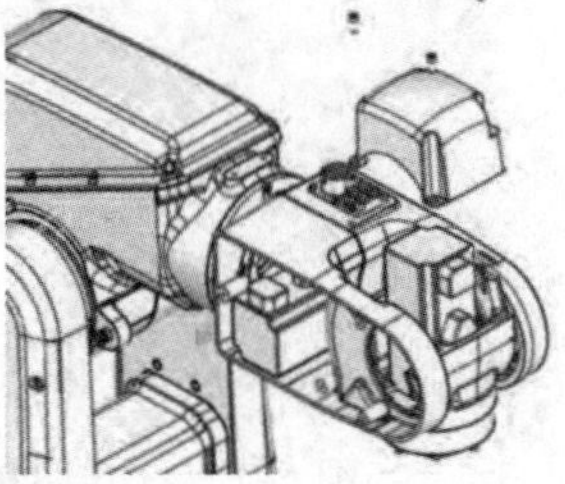 <br>部件：<br>止动螺钉（4 个）；<br>倾斜盖 |

续表

| 标号 | 操　作 | 描　述 |
|---|---|---|
| 6 | 拧下电动机轴 5 上固定夹具的连接螺钉 | 部件：<br>1—连接螺钉；<br>2—夹具 |
| 7 | 断开客户触点 R2.CP/CS | |
| 8 | 卸下电动机轴 5 上的连接器支座 | 部件：<br>1—连接螺钉（2 个）；<br>2—连接器支座 |
| 9 | 卸下连接器盖 | 部件：<br>1—连接螺钉；<br>2—连接器盖；<br>3—轴 5 应处在 90°角位置 |

| 标号 | 操　作 | 描　述 |
|---|---|---|
| 10 | 拧下电动机轴 6 上固定夹具的连接螺钉 | <br>部件：<br>1—连接螺钉；<br>2—夹具 |
| 11 | 断开连接器：<br>● R2.MP5 和 R2. ME5，电动机轴 5；<br>● R2.MP6 和 R2. ME6，电动机轴 6 | |
| 12 | 轻轻地将电动机轴 5 和电动机轴 6 上的电缆拔出手腕壳 | |
| 13 | 卸除手腕壳体（塑料） | <br>部件：<br>1—连接螺钉（3 个）；<br>2—手腕壳件（塑料）；<br>3—轴 5 应处在 90°位置 |
| 14 | 拧松固定电动机轴 5 的止动螺钉 | <br>部件：<br>止动螺钉和垫圈 |

续表

| 标号 | 操　作 | 描　述 |
|---|---|---|
| 15 | 倾斜电动机轴 5，以便能够卸下同步带 | |
| 16 | 小心地卸下电动机轴 5 | |
| 17 | 断开通气软管 | |

表 6–5　拆卸工业机器人本体上臂壳体中的电缆线束

| 标号 | 操　作 | 描　述 |
|---|---|---|
| 1 | 拧下将电缆线束固定在支架上的两个止动螺钉。让支架仍固定在壳体中 | 部件：<br>1—连接螺钉（4 个）；<br>2—电缆支架；<br>3—轴 5 应处在 90°位置 |
| 2 | 卸下壳体盖 | |

| 标号 | 操 作 | 描 述 |
|---|---|---|
| 3 | 小心地将电缆线束拔出手腕壳，拖到电动机轴4上 | |
| 4 | 割断电缆支架A处的电缆线扎 | 部件：<br>1—电缆支架；<br>2—电缆支架 |
| 5 | 断开连接器：<br>● R2.MP4；<br>● R2.ME4 | |
| 6 | 割断电缆支架B处的电缆线扎 | 部件：<br>1—电缆支架；<br>2—电缆支架 |
| 7 | 小心地将电缆线束拔出上臂壳 | |

表6-6　拆卸工业机器人本体下臂中的电缆线束

| 标号 | 操 作 | 描 述 |
|---|---|---|
| 1 | 卸下下臂盖 | |
| 2 | 割断电动机轴3电缆的电缆线扎 | |
| 3 | 将电缆线束拔出上臂壳，拖到轴3 | |
| 4 | 断开连接器：<br>● R2.MP3；<br>● R2.ME3 | |

续表

| 标号 | 操 作 | 描 述 |
|---|---|---|
| 5 | 从下臂平板分离电缆支架 | 部件:<br>1—电缆支架;<br>2—连接螺钉(2 个) |
| 6 | 拧下摆动壳与底座之间剩余的 6 个止动螺钉 | |
| 7 | 小心地抬升机器人,将它放在靠近机器人底座的位置 | |
| 8 | 割断电动机轴 2 处的电缆线扎 | |
| 9 | 断开连接器:<br>● R2.MP2;<br>● R2.ME2 | |
| 10 | 卸下电缆导向装置 | 部件:<br>1—连接螺钉(2 个);<br>2—电缆导向装置 |

表 6-7 拆卸工业机器人本体基座中的电缆线束

| 标号 | 操　作 | 描　述 |
|---|---|---|
| 1 | 如果重复使用电缆线束，请采取以下措施：<br>● 对线束上安装的支架（自手腕）拍照；<br>● 将电缆线扎放在靠近支架的位置；<br>● 割断旧电缆线扎 | |
| 2 | 卸下电缆线束上的支架（自手腕） | |
| 3 | 卸下支架后拧紧螺钉 | |
| 4 | 整理电缆线束，小心地将它拉入电动机下方的轴 2 中 | |
| 5 | 割断电动机轴 1 处将电缆线束和通气软管固定在摆动平板上的电缆线扎 | <br>部件：<br>1—摆动平板；<br>2—电缆支架；<br>3—连接螺钉（2 个）；<br>4—电缆线扎（4 件） |
| 6 | 拧松连接螺钉从机器人上卸下底座盖 | <br>部件：<br>1—底座盖；<br>2—平板；<br>3—编码器接口电路板（EIB 电路板）；<br>4—支架；<br>5—电池组；<br>6—电缆线扎 |

续表

| 标号 | 操　作 | 描　述 |
|---|---|---|
| 7 | 断开电源、电动机电缆和 SMB 上的连接器电缆：<br>● R1.A1；<br>● R1.A2；<br>● R1.A3；<br>● R1.A4 | |
| 8 | 断开电池电缆 | |
| 9 | 拧下固定带电池组支架上的止动螺钉 | 请勿将电池组从支架上卸下 |
| 10 | 拧下固定电路板的止动螺钉 | |
| 11 | 断开 EIB 电路板上的连接器：<br>● R1.ME4–6（J4）；<br>● R1.ME1–3（J3）；<br>● R2.EIB | |
| 12 | 卸除 EIB 电路板 | |
| 13 | 割断电缆线扎 | |
| 14 | 断开连接器：<br>● R2.MP1；<br>● R2.ME1 | |
| 15 | 割断电缆线扎 | |
| 16 | 拧下将电缆线束固定到电缆支架的连接螺钉 | 部件：<br>1—摆动平板；<br>2—电缆支架；<br>3—连接螺钉（2 个）；<br>4—电缆线扎（4 件） |
| 17 | 小心地推拉整个电缆线束经过电动机轴 1 | |

**2. 重新安装工业机器人本体各关节的电缆线束**

重新安装工业机器人本体底座下臂、上臂壳、手腕中电缆线束的步骤，如表 6-8 至表 6-11 所示。

表6-8 重新安装工业机器人本体底座电缆线束的步骤

| 标号 | 操　作 | 描　述 |
|---|---|---|
| 1 | 检查电缆线束及其部件是否清洁且无损坏 | |
| 2 | 将支架从电缆线束上卸下并标记位置。<br>● 对线束上安装的支架拍照；<br>● 将电缆线扎放在靠近支架的位置；<br>● 割断旧电缆线扎 | |
| 3 | 在摆动板上安装 EIB 电路板 | |
| 4 | 将电缆线束上的电缆放在机架的右侧，将通气软管放在机架的左侧 | |
| 5 | 用连接螺钉将电缆线束固定到电缆支架上 | 拧紧转矩：1 N·m<br><br>部件：<br>1—摆动平板；<br>2—电缆支架；<br>3—连接螺钉（2个）；<br>4—电缆线扎（4件） |
| 6 | 在电缆线束（包括通气软管）上涂敷一些电缆润滑脂 | |
| 7 | 将电缆线束放在电缆支架内 | |
| 8 | 松开电动机轴1旁边的电缆支架 | |

续表

| 标号 | 操　作 | 描　述 |
|---|---|---|
| 9 | 重新连接各连接器：<br>● R2.MP1；<br>● R2.ME1 | |
| 10 | 用电缆线扎将电动机电缆固定到电缆支架上 | |
| 11 | 固定电缆支架 | M3×8（2 件） |
| 12 | 重新安装 PE 电缆 | |
| 13 | 重新安装 EIB 电路板 | 固定螺钉 M3×8（4 个） |
| 14 | 连接电路板：<br>● R1.ME4-6（J4）；<br>● R1.ME1-3（J3）；<br>● R2.EIB | |
| 15 | 连接电池电缆 | |
| 16 | 重新安装电池板 | 固定螺钉 M3×8（4 个） |
| 17 | 重新安装 EIB 板 | 固定螺钉 M3×8（4 个） |
| 18 | 重新安装底座盖 | 拧紧转矩：4 N·m<br><br> |

表 6-9　重新安装工业机器人下臂中的电缆线束的步骤

| 标号 | 操　作 | 描　述 |
|---|---|---|
| 1 | 将电缆线束放在摆动板上的支架中：<br>● 将电缆 R2.MP2 向后放；<br>● 将电缆 R2.ME2 向前放 | |
| 2 | 拧紧支架中的螺钉 | 止动螺钉 M3×8（2 个） |
| 3 | 用电缆线扎将通气软管固定在摆动板上 | |
| 4 | 用电缆线扎将电缆线束固定在摆动板上 | |

| 标号 | 操作 | 描述 |
|---|---|---|
| 5 | 将电缆线扎放在电动机连接器上以便于安装在轴 2 电动机中 | |
| 6 | 拧紧摆动板上的止动螺钉 | M4×25（6 个） |
| 7 | 将电缆支架重新安装在电缆线束上，参照图片找到正确位置 | |
| 8 | 将支架固定在轴 3 电动机上 | M3×8（2 个） |
| 9 | 拆除轴 2 电动机连接器上的电缆线扎 | |
| 10 | 重新连接各连接器：<br>● R2.MP3；<br>● R2.ME3 | |
| 11 | 将连接器电缆放在电动机旁边，用电缆线扎将连接器固定在电动机周围 | |
| 12 | 安装电缆向导 | 拧紧转矩：1 N·m<br><br>部件：<br>1—连接螺钉（2 个）；<br>2—电缆导向装置 |

| 标号 | 操　作 | 描　述 |
|---|---|---|
| 13 | 重新连接轴 3 电动机：<br>● R2.ME3；<br>● R2.MP3 | |
| 14 | 用电缆线扎将电动机电缆固定在电缆支架上 | |
| 15 | 将电缆支架安装到下臂板上 | 拧紧转矩：1 N·m<br><br>部件：<br>1—电缆支架；<br>2—连接螺钉（2 个） |
| 16 | 拉动电缆线束穿过上臂壳 | |
| 17 | 确认电缆线束未扭曲 | |

表 6-10　重新安装工业机器人上臂壳中的电缆线束的步骤

| 标号 | 操　作 | 描　述 |
|---|---|---|
| 1 | 重新连接各连接器：<br>● R2.MP4；<br>● R2.ME4 | |
| 2 | 用电缆线扎固定电动机电缆 | |
| 3 | 用电缆线扎将电缆线束固定在电缆支架上。调整电缆线束的长度，让电动机电缆能够延伸到其连接器 | 拧紧转矩：1 N·m |
| 4 | 将电缆线束推入手腕壳 | |

| 标号 | 操　作 | 描　述 |
|---|---|---|
| 5 | 用连接螺钉将电缆支架重新安装到壳体中 | 拧紧转矩：1 N·m<br><br>部件：<br>1—连接螺钉（2个）；<br>2—电缆支架 |
| 6 | 完成所有维修工作后，用蘸有乙醇的无绒布擦掉机器人上的颗粒物 | |

表6–11　重新安装工业机器人手腕上的电缆线束的步骤

| 标号 | 操　作 | 描　述 |
|---|---|---|
| 1 | 重新连接通气软管，将它们弄平以腾出电动机的空间 | |
| 2 | 重新连接客户触点 R2.CS | |
| 3 | 将电动机安装在轴5中 | |
| 4 | 重新安装同步带 | |
| 5 | 适度固定电动机，以便仍然能够移动电动机 | M5×16（2件）和垫圈 |
| 6 | 将同步带拉紧到 7.6～8.4 N·m | |
| 7 | 拧紧电动机止动螺钉 | 拧紧转矩：5.5 N·m |
| 8 | 重新安装手腕壳（塑料） | 拧紧转矩：2 N·m<br><br>部件：<br>1—止动螺钉，M3×25（3件）；<br>2—手腕壳（塑料）；<br>3—轴5应处在90°位置 |
| 9 | 重新连接各连接器：<br>● R2.MP5；<br>● R2.ME5 | |

续表

| 标号 | 操　作 | 描　述 |
|---|---|---|
| 10 | 将电缆放在电动机周围 | |
| 11 | 重新安装连接器支座（塑料） | 拧紧转矩：1 N·m<br><br>部件：<br>1—止动螺钉，M3×8（2 件）；<br>2—连接器支座（塑料） |
| 12 | 用连接器支座将电缆固定到轴 6 | |
| 13 | 用电缆线扎固定电缆线束 | 部件：<br>1—电缆线扎 |
| 14 | 在电动机轴 5 上拧紧固定夹具的连接螺钉 | 拧紧转矩：1 N·m<br><br>部件：<br>1—连接螺钉；<br>2—夹具 |

| 标号 | 操　作 | 描　述 |
|---|---|---|
| 15 | 重新连接各连接器：<br>● R2.MP6；<br>● R2.ME6 | |
| 16 | 在电动机轴 6 上拧紧固定夹具的连接螺钉 | 拧紧转矩：1 N·m<br><br>部件：<br>1—连接螺钉；<br>2—夹具 |
| 17 | 重新安装连接器盖 | 拧紧转矩：1 N·m<br><br>部件：<br>1—止动螺钉 M3×8（1 件）；<br>2—连接器盖；<br>3—轴 5 应处在 90°位置 |
| 18 | 在手腕中的电缆线束上涂敷电缆润滑脂 | |
| 19 | 清洁所有弄脏的盖 | |
| 20 | 在盖内侧涂敷电缆润滑脂 | |
| 21 | 重新安装手腕侧盖 | 拧紧转矩：1 N·m<br>止动螺钉 M3×8（3 个） |

续表

| 标号 | 操　作 | 描　述 |
|---|---|---|
| 22 | 重新安装倾斜盖 | 拧紧转矩：1 N·m<br><br>部件：<br>1—止动螺钉 M3×8（4 个）；<br>2—倾斜盖；<br>3—电动机轴 6 |
| 23 | 在轴 4 的套筒上涂敷电缆润滑脂 | |
| 24 | 在轴 4 处重新安装壳体盖 | 拧紧转矩：1 N·m<br>止动螺钉 M3×8（8 个） |
| 25 | 在下臂中的电缆线束和套筒上涂敷电缆润滑脂 | |
| 26 | 在轴 4 处重新安装下臂盖 | 拧紧转矩：1 N·m<br>止动螺钉 M3×8（4 个） |
| 27 | 将机器人连接到电源 | |
| 28 | 在轴 1 中将机器人微动到 90° | |
| 29 | 拧紧摆动板/底座处剩余的螺钉 | |
| 30 | 完成所有维修工作后，用蘸有乙醇的无绒布擦掉机器人上的颗粒物 | |

# 6.4　任务实现

## 任务1　实训工业机器人上臂结构的维修

本任务主要介绍 ABB IRB120 工业机器人上臂结构出现问题需要及时更换和维修的具体

操作步骤。ABB IRB120 工业机器人上臂和下臂的位置如图 6-2 所示。

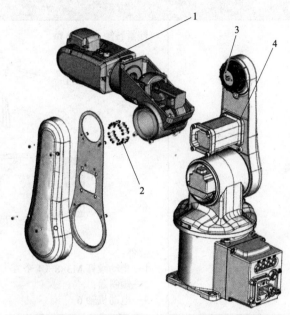

图 6-2　ABB IRB120 工业机器人上臂和下臂的位置
1—上臂（包括手腕）；2—连接螺钉（16 件）；3—齿轮箱，轴 3；4—下臂

**1. 拆下工业机器人上臂**

拆卸工业机器人上臂的操作步骤如表 6-12 所示。

表 6-12　拆卸工业机器人上臂的操作步骤

| 标号 | 操　作 | 描　述 |
|---|---|---|
| 1 | 将轴 5 移到 90°位置处 | |
| 2 | 关闭机器人的所有电力、液压和气压供给 | |
| 3 | 卸下手腕盖 | 部件：<br>1—手腕盖（2 个）；<br>2—连接螺钉（3 个+3 个）；<br>3—轴 5 应处在 90°角位置 |

续表

| 标号 | 操　作 | 描　述 |
|---|---|---|
| 4 | 卸除电动机轴 5 | |
| 5 | 卸下手腕中的电缆线束 | |
| 6 | 将电缆线束拔出手腕壳 | |
| 7 | 卸除手腕壳体（塑料） | 部件：<br>1—连接螺钉（3 个）；<br>2—手腕壳（塑料）；<br>3—轴 5 应处在 90°角位置 |
| 8 | 卸下上臂壳中的电缆线束 | |
| 9 | 拧松电动机轴 4 两侧用于固定电缆支架的止动螺钉 | 部件：<br>1，2—电缆支架 |
| 10 | 卸除机器人两侧的下臂盖 | |

| 标号 | 操　作 | 描　述 |
|------|--------|--------|
| 11 | 卸除下臂中的电缆束 | |
| 12 | 　拧松电动机盖上固定下臂板的止动螺钉 | 　　部件：<br>1—电缆线束；<br>2—下臂平板；<br>3—电动机盖；<br>4—连接螺钉（4 个）；<br>5—连接螺钉孔（4 个）；<br>6—电缆导向装置 |
| 13 | 将电缆线束拔出上臂壳 | |
| 14 | 牢固夹持上臂 | |
| 15 | 拧下将包含手腕的上臂固定到齿轮箱轴 3 的连接螺钉 | |
| 16 | 卸下上臂 | |

**2. 重新安装工业机器人上臂**

重新安装工业机器人上臂的操作步骤如表 6-13 所示。

表 6–13　重新安装工业机器人上臂的操作步骤

| 标号 | 操 作 | 描 述 |
|---|---|---|
| 1 | 重新安装下臂板 | 拧紧转矩：4 N·m<br><br>部件：<br>1—电缆线束；<br>2—下臂平板；<br>3—电动机盖；<br>4—连接螺钉（4 个）；<br>5—连接螺钉孔（4 个）；<br>6—电缆导向装置 |
| 2 | 将电缆线束固定到下臂平板 | |
| 3 | 重新安装下臂盖 | 拧紧转矩：1 N·m |

| 标号 | 操　作 | 描　述 |
|---|---|---|
| 4 | 将电缆线束固定到上臂壳中 | |
| 5 | 重新安装电动机轴 4 两侧的两个电缆支架 | 拧紧转矩：1 N·m<br><br><br><br>部件：<br>1，2—电缆支架 |
| 6 | 将电缆线束推入手腕 | |
| 7 | 重新安装电缆支架 | 拧紧转矩：1 N·m<br><br><br><br>部件：<br>1—连接螺钉（4 个）；<br>2—电缆支架；<br>3—轴 5 应处在 90°角位置 |
| 8 | 将电缆线束重新安装到手腕中 | |
| 9 | 重新安装手腕壳（塑料） | 拧紧转矩：1 N·m<br><br><br><br>部件：<br>1—连接螺钉（3 个）；<br>2—手腕壳（塑料）；<br>3—轴 5 应处在 90°角位置 |
| 10 | 重新安装电动机轴 5 | |
| 11 | 完成所有维修工作后，用蘸有乙醇的无绒布擦掉机器人上的颗粒物 | |
| 12 | 重新校准机器人 | |

## 任务 2　实训工业机器人下臂结构的维修

本任务主要介绍 ABB IRB120 工业机器人下臂结构出现问题需要及时更换和维修的具体操作步骤。ABB IRB120 工业机器人下臂的位置如图 6-3 所示。

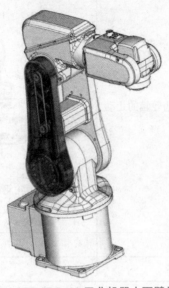

图 6-3　ABB IRB120 工业机器人下臂的位置

### 1. 拆卸工业机器人下臂

拆卸工业机器人下臂的操作步骤如表 6-14 所示。

表 6-14　拆卸工业机器人下臂的操作步骤

| 标号 | 操　作 | 描　述 |
|---|---|---|
| 1 | 卸除机器人两侧的下臂盖 | |
| 2 | 卸除下臂中的电缆线束 | |
| 3 | 拧下固定下臂和上臂的连接螺钉，并将上下臂分离开 | |

| 标号 | 操 作 | 描 述 |
|---|---|---|
| 4 | 拧下将电动机盖固定到下臂平板的连接螺钉 | |
| 5 | 拧下将下臂固定到轴 2 齿轮箱的止动螺钉 | 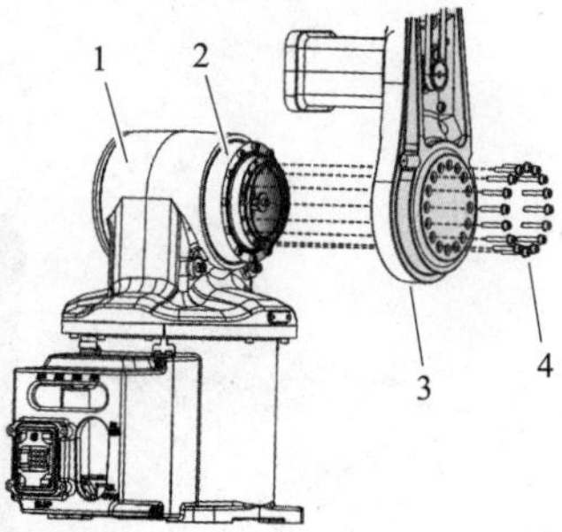 部件：<br>1—摆动壳；<br>2—轴 2 齿轮箱；<br>3—下臂；<br>4—连接螺钉（16 个） |
| 6 | 卸下下臂 | |
| 7 | 卸下轴 3 电动机和同步带 | |

**2. 重新安装工业机器人下臂**

重新安装工业机器人下臂的操作步骤如表 6—15 所示。

表 6—15　重新安装工业机器人下臂的操作步骤

| 标号 | 操 作 | 描 述 |
|---|---|---|
| 1 | 检查所有装配面是否均清洁无损坏 | |
| 2 | 在轴 2 齿轮箱和下臂的装配面上涂敷法兰密封胶 | |
| 3 | 用止动螺钉将下臂重新连接到轴 2 齿轮箱 | 拧紧转矩：4 N·m 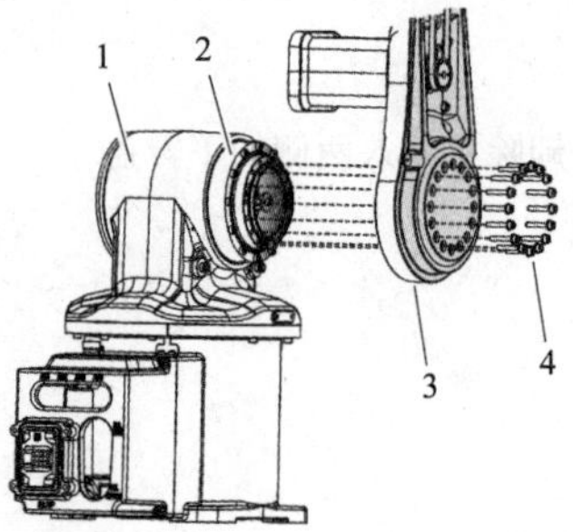<br><br>部件：<br>1—摆动壳；<br>2—轴 2 齿轮箱；<br>3—下臂；<br>4—连接螺钉（16 个） |

续表

| 标号 | 操 作 | 描 述 |
|---|---|---|
| 4 | 重新安装电动机盖 | 拧紧转矩：4 N·m |
| 5 | 重新安装轴 3 电动机 | |
| 6 | 用连接螺钉（16 个）固定上臂和下臂 | 拧紧转矩：2 N·m |
| 7 | 将电缆线束重新安装到下臂中 | |
| 8 | 重新安装下臂盖 | 拧紧转矩：1 N·m |
| 9 | 完成所有维修工作后，用蘸有乙醇的无绒布擦掉机器人上的颗粒物 | |
| 10 | 重新校准机器人 | |

## 任务 3　实训工业机器人电动机和齿轮箱的维修

本任务主要介绍 ABB IRB120 工业机器人各轴电动机和齿轮箱结构出现问题需要及时更换和维修的具体操作步骤。

1. 更换轴 1 的电动机与齿轮箱

ABB IRB120 工业机器人轴 1 的电动机与齿轮箱的具体位置如图 6-4 所示。

ABB IRB120 工业机器人轴 1 配套使用的底座内摆动板的设计有两种，一种设计有一个排气孔，另一种设计则没有排气孔，如图 6-5 所示。

127

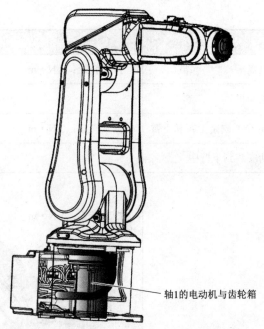

轴1的电动机与齿轮箱

图 6-4　ABB IRB120 工业机器人轴 1 的电动机与齿轮箱的具体位置

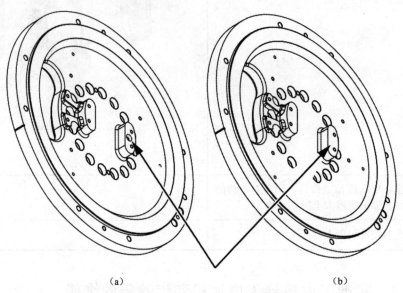

（a）　　　　　　　　　　　　　　　（b）

图 6-5　底座内摆动板两种不同的设计

（a）有排气孔；（b）没有排气孔

1）拆卸轴 1 的电动机与齿轮箱

（1）拆卸准备工作，如表 6-16 所示。

表 6-16　拆卸准备工作

| 标号 | 操　作 | 描　述 |
|---|---|---|
| 1 | 将轴 1 微动至 90°位置 | |

| 标号 | 操　　作 | 描　　述 |
|---|---|---|
| 2 | 拧下将摆动壳固定在底座上的两个止动螺钉（当轴 1 处在 0°位置时无法触及） | |
| 3 | 微动控制：<br>● 轴 1 至 0°位置；<br>● 轴 2 至−50°位置；<br>● 轴 3 至 50°位置；<br>● 轴 4 至 0°位置；<br>● 轴 5 至 90°位置；<br>● 轴 6 不动 | |
| 4 | 卸除下臂板侧面的下臂盖 | |

（2）拆卸摆动壳，其操作步骤如表 6–17 所示。

表 6–17 拆卸摆动壳的操作步骤

| 标号 | 操 作 | 描 述 |
|------|------|------|
| 1 | 卸除下臂上的电缆支架 | <br>部件：<br>1—支架；<br>2—连接螺钉（2个） |
| 2 | 割断电动机轴 2 处的电缆线扎 | |
| 3 | 断开连接器：<br>● R2.MP2；<br>● R2.ME2 | |
| 4 | 拧下固定摆动壳的剩余止动螺钉 | |
| 5 | 如有需要，可用两个螺钉将摆动壳压出来 | |
| 6 | 卸下两个电缆导向装置 | <br>部件：<br>1—连接螺钉（2个）；<br>2—电缆导向装置（2个） |

| 标号 | 操 作 | 描 述 |
|---|---|---|
| 7 | 小心地将轴 2 电动机电缆拉出到尽可能长的位置 | |
| 8 | 整理电缆线束，小心地推/拉到电动机下方的轴 2 中（尽可能长），不要损坏任何电缆 | |
| 9 | 拧下将电缆支架固定在摆动板上的止动螺钉 | 部件：<br>1—摆动板；<br>2—电缆支架；<br>3—连接螺钉（4个） |

（3）拆卸基座，其操作步骤如表 6-18 所示。

表 6-18　拆卸基座的操作步骤

| 标号 | 操 作 | 描 述 |
|---|---|---|
| 1 | 卸除基座盖 | 部件：<br>1—底座盖；<br>2—连接螺钉（4个） |
| 2 | 连同 EIB 电路板和电池一起拆下摆动板，将其拉出，以便接近电池电缆连接器 | 部件：<br>1—平板；<br>2—连接螺钉（4个） |

| 标号 | 操 作 | 描 述 |
|---|---|---|
| 3 | 拧松将电缆支架与连接器固定在一起的止动螺钉 | |
| 4 | 割断将轴 1 的电动机电缆连接到底座的电缆线扎 | |
| 5 | 断开轴 1 的电动机电缆 | |

（4）拆卸轴 1 的电动机与齿轮箱，其操作步骤如表 6–19 所示。

表 6–19　拆卸轴 1 的电动机与齿轮箱操作步骤

| 标号 | 操 作 | 描 述 |
|---|---|---|
| 1 | 卸除固定摆动板的连接螺钉 | |
| 2 | 拆卸前记录摆动板 | |

续表

| 标号 | 操　作 | 描　述 |
|---|---|---|
| 3 | 小心谨慎地提升摆动板，将其放在其余拆下来的机器人机械臂系统旁边。利用突出的孔用力使摆动板松动 | |
| 4 | 从摆动板中心卸下螺钉 | |
| 5 | 卸除固定电缆导向装置的连接螺钉 | |
| 6 | 小心谨慎地提升电缆导向装置，将其移过电缆线束并放在其余拆下来的机器人零件旁边 | |
| 7 | 拆卸固定轴 1 的电动机与齿轮箱的连接螺钉 | 部件：<br>1—连接螺钉（12 个） |

2）重新安装轴 1 的电动机与齿轮箱

（1）安装轴 1 的电动机与齿轮箱，其操作步骤如表 6–20 所示。

表 6-20　安装轴 1 的电动机与齿轮箱的操作步骤

| 标号 | 操　作 | 描　述 |
|---|---|---|
| 1 | 如果机器人有排气孔，拧下摆动板排气孔中的螺钉以释放底座内的压力 | |
| 2 | 拆除在运输过程中固定轴 1 的电动机与齿轮箱的两个螺钉及螺母 | <br>部件：<br>1—运输过程中使用的固定螺钉及螺母（2 个） |
| 3 | 用电缆线扎延伸电动机连接电缆，以便于拉动电缆穿过底座 | |
| 4 | 握住轴 1 的电动机，小心地推动电动机电缆穿过基座底部的凹槽 | |
| 5 | 安装轴 1 的电动机与齿轮箱前，先找到止动螺钉的位置，使电动机电缆尽可能长地伸进基座中。<br>安装电动机和齿轮箱并将电动机电缆从孔中拉出后，卸除电缆线扎 | |

| 标号 | 操　作 | 描　述 |
|---|---|---|
| 6 | 固定轴 1 的电动机与齿轮箱 | 拧紧转矩：4 N·m<br><br>部件：<br>1—止动螺钉，M4×40（12 件） |
| 7 | 如果机器人有排气孔，添加法兰密封胶，然后在摆动板的排气孔中重新安装螺钉 | 拧紧转矩：1 N·m |
| 8 | 小心谨慎地将电缆导向装置移到电缆线束上，并将其安装在基座中 | 部件：<br>1—止动螺钉 M3×8（3 个）；<br>2—电缆导向装置；<br>3—基座 |
| 9 | 用其连接螺钉固定电缆导向装置 | 拧紧转矩：2 N·m |
| 10 | 在电缆导向装置的内表面上涂敷电缆润滑脂 | |

（2）重新安装基座，其操作步骤如表 6-21 所示。

表 6-21　重新安装基座的操作步骤

| 标号 | 操　作 | 描　述 |
|---|---|---|
| 1 | 在摆动板和齿轮的装配面上涂法兰密封胶（Loctite 574） | 部件：<br>1—涂 Loctite 574 的区域 |
| 2 | 在电缆导向装置的装在摆动板上的那一部分塑料表面上涂一薄层电缆润滑脂 | |
| 3 | 在通过电缆导向装置装入线缆套装前，在电缆和软管上涂敷电缆润滑脂 | |
| 4 | 安装摆动板，同时将电缆线束装到电缆导向装置中 | 拧紧转矩：4 N·m<br><br>部件：<br>1—止动螺钉和垫圈 M4×25（16 个+16 个）；<br>2—摆动板；<br>3—基座 |
| 5 | 在螺钉上涂 Loctite 243 并固定摆动板 | |
| 6 | 连接各连接器：<br>● R2.MP1<br>● R2.ME1 | |

续表

| 标号 | 操 作 | 描 述 |
|------|-------|-------|
| 7 | 用电缆线扎将连接器固定到板上 | |
| 8 | 如果固定电缆板的螺钉已卸除，请重新安装 | |
| 9 | 固定支架与电池（如果拆除） | |
| 10 | 确保接地电缆已连接且未损坏 | |
| 11 | 小心谨慎地将摆动板及 EIB 板和电池推入基座 | 部件：<br>1—平板；<br>2—止动螺钉 M3×8（4 个） |
| 12 | 用连接螺钉固定摆动板 | 拧紧转矩：2 N·m |
| 13 | 小心地重新安装底座盖 | 拧紧转矩：4 N·m<br><br>部件：<br>1—底座盖；<br>2—止动螺钉 M4×25（4 个） |

（3）重新安装摆动壳，其操作步骤如表 6–22 所示。

表 6–22　重新安装摆动壳的操作步骤

| 标号 | 操　　作 | 描　　述 |
|---|---|---|
| 1 | 固定电缆支架 | <br><br>部件：<br>1—摆动板；<br>2—电缆支架；<br>3—止动螺钉 M4×25（2 个+2 个） |
| 2 | 将机械臂系统保持在一定角度的同时，小心谨慎地将轴 2 的电动机电缆推入摆动壳，电动机每侧各一条 | |
| 3 | 用电缆线扎延伸电动机连接电缆，以便于拉动电缆穿过底座 | |
| 4 | 小心谨慎地将其余电缆推入摆动壳 | |
| 5 | 将摆动板与摆动壳之间接触面上的旧 Loctite 残留物和其他污染物擦干净 | |
| 6 | 小心谨慎地将摆动壳移到电缆线束上，并将其放到安装位置 | |
| 7 | 此时，用能够接近的 6 个连接螺钉固定摆动壳 | 拧紧转矩：4 N·m<br><br><br><br>部件：<br>M4×25（6 个） |

（4）安装其他结构件，其操作步骤如表 6-23 所示。

表 6-23　安装其他结构件的操作步骤

| 标号 | 操作 | 描述 |
|---|---|---|
| 1 | 安装 2 个电缆导向装置 | 拧紧转矩：1 N·m<br><br>部件：<br>1—止动螺钉 M3×8（2 个）；<br>2—电缆导向装置（2 个） |
| 2 | 将电缆支架安装到下臂板上 | 部件：<br>1—电缆支架；<br>2—止动螺钉 M3×8（2 个） |
| 3 | 用电缆润滑脂润滑下臂盖内侧 | |
| 4 | 安装下臂盖 | 拧紧转矩：2 N·m |

续表

| 标号 | 操 作 | 描 述 |
|---|---|---|
| 5 | 机器人通电 | |
| 6 | 打开控制器，将机器人微动到校准位置 | |

**2. 更换轴2的电动机与齿轮箱**

ABB IRB120工业机器人轴2的电动机与齿轮箱的具体位置如图6-6所示。

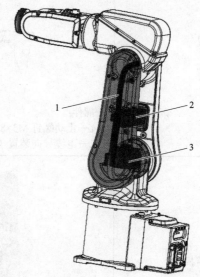

图6-6　ABB IRB120工业机器人轴2的电动机与齿轮箱的具体位置

1—电缆线束；2—电动机轴3；3—电动机轴2与齿轮箱

ABB IRB120 轴2下臂壳的设计有两种，一种设计有一个排气孔，另一种设计则没有排气孔，如图6-7所示。

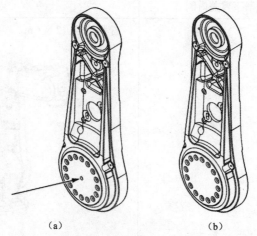

（a）　　　　　　　（b）

图6-7　ABB IRB120 轴2的下臂壳的两种设计

（a）有排气孔；（b）没有排气孔

1）拆卸轴 2 的电动机与齿轮箱

拆卸轴 2 的电动机和齿轮箱的操作步骤如表 6-24 所示。

表 6-24　拆卸轴 2 的电动机和齿轮箱的操作步骤

| 标号 | 操　作 | 描　述 |
|---|---|---|
| 1 | 将机器人微动到校准位置 | |
| 2 | 关闭机器人的所有电力、液压和气压供给 | |
| 3 | 卸除下臂两侧的下臂盖 | |
| 4 | 断开连接器：<br>● R2.MP3<br>● R2.ME3 | 部件：<br>1—连接器 |
| 5 | 拧下固定电缆支架的连接螺钉，以便能够从下臂上取下电缆线束 | 部件：<br>1—电缆支架；<br>2—连接螺钉（2个） |

| 标号 | 操　作 | 描　述 |
|---|---|---|
| 6 | 卸下 2 个电缆导向装置 | 部件：<br>1—连接螺钉（2 个+2 个）；<br>2—电缆导向装置（2 个） |
| 7 | 拧下将下臂板固定到电动机盖的连接螺钉 | |
| 8 | 小心谨慎地拉出电缆线束，拉出越长越好，但不能造成损坏，以一定角度放置下臂板 | 部件：<br>1—电缆线束；<br>2—下臂平板；<br>3—电动机盖；<br>4—连接螺钉（4 个）；<br>5—连接螺钉孔（4 个）；<br>6—电缆导向装置 |

续表

| 标号 | 操　　作 | 描　　述 |
|---|---|---|
| 9 | 留下 2 个连接螺钉，拧下其余将下臂固定到轴 2 的齿轮箱的螺钉 | |
| 10 | 紧握上臂和下臂 | |
| 11 | 小心谨慎地拧下剩余的将下臂固定到轴 2 的齿轮箱的螺钉 | |
| 12 | 气孔设计：<br>从摆动板卸下螺钉 | |
| 13 | 断开连接器：<br>● R2.MP2<br>● R2.ME2 | |
| 14 | 拧下将轴 2 电动机与齿轮箱固定到摆动壳上的连接螺钉和平垫圈，小心谨慎地拆除轴 2 的电动机 | |

2）重新安装轴 2 的电动机和齿轮箱

安装轴 2 的电动机和齿轮箱的操作步骤如表 6-25 所示。

表 6-25　安装轴 2 的电动机和齿轮箱的操作步骤

| 标号 | 操　作 | 描　述 |
|---|---|---|
| 1 | 重新安装前，请先检查：<br>● 所有装配面是否均清洁无损坏；<br>● 电动机和齿轮箱是否均清洁无损坏 | |
| 2 | 卸下在运输时固定轴 2 的电动机与齿轮箱的 2 套螺栓与螺母 | <br>部件：<br>1—螺栓与螺母，在运输过程中使用（2 套） |
| 3 | 清除下臂装配面上旧的 Loctite 残留物和其他污染物 | |
| 4 | 将摆动板的锥口孔以及螺钉擦拭干净 | |
| 5 | 在齿轮箱中重新装入与擦掉的一样多的润滑脂 | |
| 6 | 如果机器人有排气孔，拧下下臂壳排气孔中的螺钉以释放下臂壳内的压力 | |
| 7 | 在下臂和齿轮箱的装配面上涂法兰密封胶（Loctite 574） | |
| 8 | 将轴 2 电动机与齿轮箱放入摆动壳 | |

| 标号 | 操 作 | 描 述 |
|---|---|---|
| 9 | 用其连接螺钉将轴 2 的电动机与齿轮箱固定到摆动壳上 | 拧紧转矩：4 N·m |
| 10 | 固定住上臂和下臂不动，用其中 2 个连接螺钉将下臂固定到轴 2 的电动机与齿轮箱上 | |
| 11 | 用其余连接螺钉将轴 2 的电动机与齿轮箱固定到下臂上，拧紧所有螺钉 | 拧紧转矩：4 N·m |
| 12 | 如果机器人有排气孔，添加 Loctite 243，然后在下臂壳的排气孔中装回螺钉 | |

续表

| 标号 | 操 作 | 描 述 |
|---|---|---|
| 13 | 重新安装下臂板 | 拧紧转矩：4 N·m |
| 14 | 重新连接轴 2 的电动机电缆：<br>● R2.MP2<br>● R2.ME2 | |
| 15 | 用电缆线扎将电动机电缆固定在轴 2 的电动机周围 | |
| 16 | 重新安装 2 个电缆导向装置 | 拧紧转矩：1 N·m <br>部件：<br>1—连接螺钉（2 个）；<br>2—电缆导向装置 |

| 标号 | 操 作 | 描 述 |
|------|-------|-------|
| 17 | 重新连接各连接器：<br>● R2.MP3<br>● R2.ME3 | 1—连接器 R2、MP3 和 R2、ME3 |
| 18 | 将电缆支架重新装到下臂上 | 部件：<br>1—电缆支架<br>2—连接螺钉（2 个） |
| 19 | 重新安装下臂盖 | 拧紧转矩：2 N•m |
| 20 | 重新校准机器人 | |

147

**3. 更换轴3电动机与齿轮箱**

ABB IRB120 工业机器人轴3的电动机与齿轮箱的具体位置如图6-8所示。

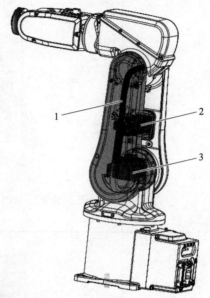

图6-8　ABB IRB120 工业机器人轴3的电动机与齿轮箱的具体位置

1—电缆线束；2—电动机轴3；3—电动机轴2

1）拆卸轴3的电动机与齿轮箱

拆卸轴3的电动机与齿轮箱的操作步骤如表6-26所示。

表6-26　拆卸轴3的电动机与齿轮箱的操作步骤

| 标号 | 操　作 | 描　述 |
|------|--------|--------|
| 1 | 卸下下臂两侧的下臂盖 | |

续表

| 标号 | 操 作 | 描 述 |
|------|-------|-------|
| 2 | 切掉固定连接器的电缆带 | 部件：<br>1—电缆带（2 根） |
| 3 | 断开连接器：<br>● R2.MP3<br>● R2.ME3 | 部件：<br>1—连接器 R2.MP3 和 R2.ME3 |
| 4 | 拧松固定电缆支架的连接螺钉 | 部件：<br>1—电缆支架；<br>2—连接螺钉（2 个） |
| 5 | 将电缆线束向侧面移动少许 | |
| 6 | 拧下固定电动机轴 3 的连接螺钉 | |

| 标号 | 操 作 | 描 述 |
|---|---|---|
| 7 | 从电动机轴的皮带轮上卸下同步带 | 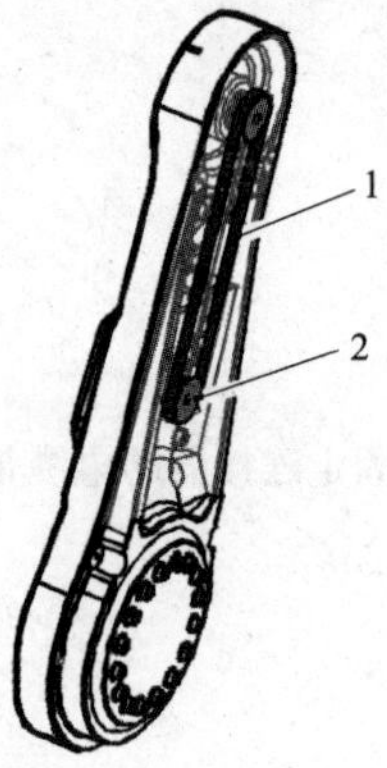 部件：<br>1—同步带；<br>2—皮带轮（2个） |
| 8 | 卸下电动机 | |

2）重新安装轴 3 的电动机及齿轮箱

重新安装轴 3 的电动机与齿轮箱的操作步骤如表 6–27 所示。

表 6–27  重新安装轴 3 的电动机与齿轮箱的操作步骤

| 标号 | 操 作 | 描 述 |
|---|---|---|
| 1 | 将轴 3 电动机放在电机盖中 | |
| 2 | 重新安装皮带轮上的同步皮带 | 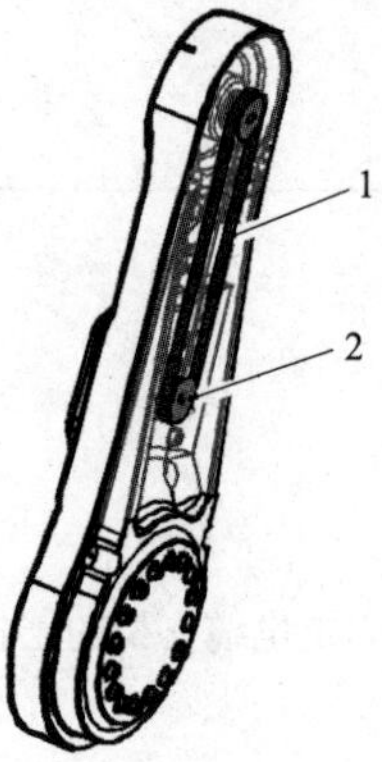 部件：<br>1—同步皮带；<br>2—皮带轮（2个） |
| 3 | 拧紧固定电动机的连接螺钉和垫圈，只要仍能移动电动机就足够了 | |
| 4 | 用连接螺钉和垫圈固定轴 3 电动机 | 拧紧转矩：4 N·m |

续表

| 标号 | 操　作 | 描　述 |
|---|---|---|
| 5 | 重新安装下臂板 | 拧紧转矩：4 N•m<br><br>部件：<br>1—电缆线束；<br>2—下臂平板；<br>3—电动机盖；<br>4—连接螺钉（4 个）；<br>5—连接螺钉孔（4 个）；<br>6—电缆导向装置 |
| 6 | 重新连接各连接器：<br>● R2.MP3<br>● R2.ME3 | |
| 7 | 将电缆支架重新安装到下臂平板来固定电缆线束 | 拧紧转矩：1 N•m<br><br>部件：<br>1—电缆支架；<br>2—连接螺钉（2 个） |

| 标号 | 操　作 | 描　述 |
|---|---|---|
| 8 | 用电缆线扎固定连接器 | 部件：<br>1—电缆线扎（2件） |
| 9 | 重新安装下臂盖 | 拧紧转矩：1 N·m |
| 10 | 重新校准机器人 | |

**4. 更换齿轮箱上的电动机轴 4**

　　ABB IRB120 工业机器人轴 4 的具体位置如图 6-9 所示。更换齿轮箱上的电动机轴 4 的操作步骤如表 6-28 所示。

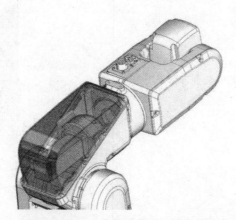

图 6-9　ABB IRB120 工业机器人轴 4 的具体位置

表 6-28　更换齿轮箱上的电动机轴 4 的操作步骤

| 标号 | 操　作 | 描　述 |
|---|---|---|
| 1 | 将④安装在伺服电机尾端，轻轻卡上即可 | 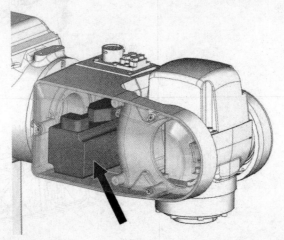 |
| 2 | 将②安装在减速器前端，轻轻卡上即可 | |
| 3 | 将③安装在减速器尾端，并且拧紧 2 个位于减速器尾端的固定螺钉 | |
| 4 | 装上盖板①，并且拧紧 8 个固定螺钉 | |
| 5 | 重新校准机器人 | |

**5. 更换工业机器人本体电动机轴 5**

ABB IRB120 工业机器人带皮带轮的电动机轴 5 的具体位置如图 6-10 所示。

图 6-10　ABB IRB120 工业机器人带皮带轮的电动机轴 5 的具体位置

1）卸下带皮带轮的电动机轴 5

卸下带皮带轮的电动机轴 5 的操作步骤如表 6-29 所示。

表 6-29　卸下带皮带轮的电动机轴 5 的操作步骤

| 标号 | 操 作 | 描 述 |
|---|---|---|
| 1 | 卸下手腕两侧的手腕侧盖 | 部件：<br>1—手腕侧盖（2 个） |
| 2 | 拧松固定夹具的连接螺钉 | 部件：<br>1—连接螺钉；<br>2—夹具 |
| 3 | 卸下连接器支座 | 部件：<br>1—连接螺钉（2 个）；<br>2—连接器支座 |
| 4 | 切掉电缆带 | 部件：<br>1—电缆带（2 根） |
| 5 | 断开电动机轴 5 的连接器：<br>● R2.MP5<br>● R2.ME5 | |

续表

| 标号 | 操　作 | 描　述 |
|------|--------|--------|
| 6 | 拧松固定电动机轴 5 的止动螺钉 | |
| 7 | 从皮带轮上取下同步带 | 部件：<br>1—机械腕侧盖；<br>2—皮带轮（2 个）；<br>3—同步带 |
| 8 | 卸下带皮带轮的电动机 | |

2）重新安装带皮带轮的电动机轴 5

重新安装带皮带轮的电动机轴 5 的操作步骤如表 6-30 所示。

表 6-30　重新安装带皮带轮的电动机轴 5 的操作步骤

| 标号 | 操　作 | 描　述 |
|------|--------|--------|
| 1 | 将电动机放入腕壳 | |
| 2 | 重新连接各连接器：<br>● R2.MP5<br>● R2.ME5 | |
| 3 | 重新安装皮带轮上的同步带 | 部件：<br>1—机械腕侧盖；<br>2—皮带轮（2 个）；<br>3—同步带 |

续表

| 标号 | 操作 | 描述 |
|------|------|------|
| 4 | 拧紧固定电动机的连接螺钉和垫圈，只要仍能移动电动机就足够了 | |
| 5 | 将电动机移到同步带张力恰到好处的位置 | 新皮带：$F=7.6\sim8.4\,N$<br>旧皮带：$F=5.3\sim6.1\,N$ |
| 6 | 用其连接螺钉和垫圈固定电动机轴5 | 拧紧转矩：$4\,N\cdot m$ |
| 7 | 重新安装连接器支座 | 拧紧转矩：$1\,N\cdot m$<br><br>部件：<br>1—连接螺钉（2个）；<br>2—连接器支座 |
| 8 | 用其连接螺钉重新安装夹具 | 拧紧转矩：$1\,N\cdot m$<br><br>部件：<br>1—连接螺钉；<br>2—夹具 |

续表

| 标号 | 操作 | 描述 |
|------|------|------|
| 9 | 用电缆带固定电缆 | 部件：<br>1—电缆带（2 根） |
| 10 | 重新安装手腕侧盖 | 拧紧转矩：1 N·m<br><br>部件：<br>1—手腕侧盖（2 个） |
| 11 | 重新校准机器人 | |

**6. 更换工业机器人本体电动机轴 6**

ABB IRB120 工业机器人轴 6 的具体位置如图 6–11 所示。更换工业机器人本体电动机轴 6 的操作步骤如表 6–31 所示。

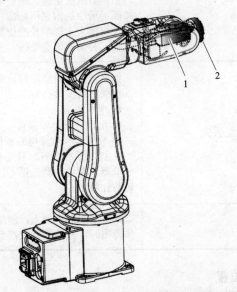

**图 6–11   ABB IRB120 工业机器人轴 6 的具体位置**

1—电动机轴 6；2—轴 6 齿轮箱

表 6-31　更换工业机器人本体电动机轴 6 的操作步骤

| 标号 | 操　作 | 描　述 |
|---|---|---|
| 1 | 将②伺服电机安装到对应的位置，并且拧紧 2 个固定螺钉 | ① 对应的安装螺钉孔<br>② 对应的安装位置 |
| 2 | 将①外壳安装到对应的位置，并且拧紧 4 个固定螺钉 | |
| 3 | 重新校准机器人 | |

## 任务 4　实训工业机器人本体的校准

如发生表 6-32 所示的任一情况，则必须校准系统。

表 6-32　ABB IRB120 工业机器人本体需要校准的一般情况

| 标号 | 发生的情况 | 处理对策 |
|---|---|---|
| 1 | 转数器值更改 | 如转数器值更改，则必须按 ABB 提供的校准方法，按照手册中的信息用标准校准仔细重新校准机器人，当更换机器人上影响校准位置的部件时，如电动机或传输部件，分解器值会更改 |
| 2 | 转数计数器内存记忆丢失 | 如果转数计数器内存记忆丢失，必须更新计数器。<br>在以下情况时会发生：<br>● 电池放电；<br>● 出现分解器错误；<br>● 分解器和测量电路板间信号中断；<br>● 控制系统断开时移动机器人轴；<br>机器人和控制器在第一次安装中相连后，也必须更新转数计数器 |
| 3 | 重新组装机器人 | 如重新组装机器人，例如在碰撞后或更改机器人的工作范围时，需要重新校准新的分解器值 |

**1. 同步标记和轴同步位置**

图 6-12、图 6-13 所示为 ABB IRB120 工业机器人进行零点标定时需要的同步标记和轴同步位置。

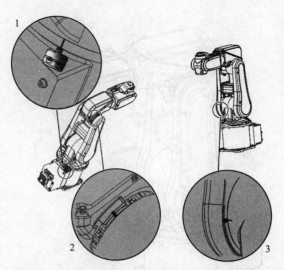

图 6-12　进行零点标定时需要的同步标记和轴同步位置（轴 1、2、3）

1—校准标记（轴 1）；2—校准标记（轴 2）；3—校准标记（轴 3）

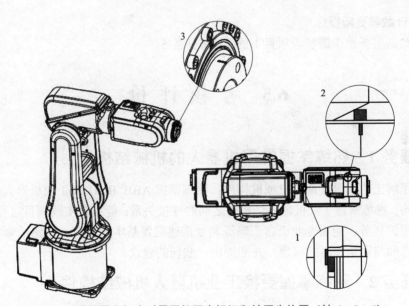

图 6-13　进行零点标定时需要的同步标记和轴同步位置（轴 4、5、6）

1—校准标记（轴 4）；2—校准标记（轴 5）；3—校准标记（轴 6）

**2. 所有轴的校准运动方向**

校准时，轴必须一直运转至相同方向的校准位置，以避免由齿轮侧隙等引起的位置错误。零点正方向位置如图 6-14 所示。

校准服务例行程序将自动处理校准运动，这些可能会与图 6-14 所示的位置方向不同。

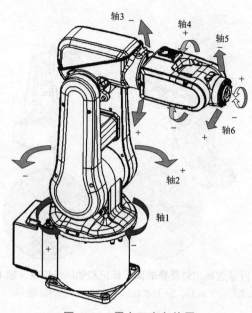

图6-14 零点正方向位置

**3. 转速计数器更新操作**

转速计数器更新操作请参考项目1的1.4节任务5。

# 6.5 考核评价

## 考核任务1 熟练掌握常用机器人的机械结构件

要求：了解工业机器人常用机械机构件；熟练掌握ABB IRB120工业机器人本体的机械机构件的结构；熟练掌握工业机器人结构件之间的连接关系；能结合实践项目进行现场安装、调试和日常维护任务；能用专业语言正确流利地描述配置基本的步骤，思路清晰、有条理；能圆满回答老师与同学提出的问题，并能提出一些新的建议。

## 考核任务2 熟练掌握更换工业机器人机械结构件

要求：了解工业机器人常用机械机构件的拆卸与安装关系；熟练掌握ABB IRB120工业机器人本体的机械机构件的故障盘查；熟练掌握工业机器人结构件的维护与维修；能结合实践项目进行现场安装、调试和日常维护任务；能用专业语言正确流利地描述配置基本的步骤，思路清晰、有条理；能圆满回答老师与同学提出的问题，并能提出一些新的建议。

## 考核任务3 其他典型结构的工业机器人类型及组成方式

要求：通过查看不同品牌的工业机器人手册，了解其他机器人的组成结构；能结合实践项目进行现场安装、调试和日常维护任务；能用专业语言正确流利地描述配置基本的步骤，思路清晰、有条理；能圆满回答老师与同学提出的问题，并能提出一些新的建议。

# 项目 7

## 工业机器人谐波减速器及 RV 减速器的维护

工业机器人谐波
减速器及 RV 减
速器的维护

## 7.1  项 目 描 述

本项目的主要学习内容包括：了解工业机器人常用的谐波减速器和 RV 减速器的生产厂家及选型方法、工业机器人谐波减速器和 RV 减速器的分类、谐波减速器和 RV 减速器的各种特性、谐波减速器和 RV 减速器的内部结构以及谐波减速器和 RV 减速器的维护方法，熟练掌握工业机器人本体的核心部件减速器的维护、维修，熟练掌握工业机器人本体的维护、维修工作，并与实践结合起来进行全面学习。

## 7.2  教 学 目 的

通过本项目的学习让学生了解工业机器人常用的谐波减速器和 RV 减速器的生产厂家及选型方法，掌握工业机器人谐波减速器和 RV 减速器的分类，熟练掌握谐波减速器和 RV 减速器的各种特性，了解谐波减速器和 RV 减速器的内部结构以及熟练操作谐波减速器和 RV 减速器的维护技能，熟练掌握工业机器人本体的核心部件减速器的维护、维修，可以按照本项目所讲的操作方法同步实践操作，为后续学习更加复杂的内容打下坚实基础。

# 7.3 知识准备

## 7.3.1 了解工业机器人谐波减速器的结构与原理

**1. 技术起源**

谐波减速器是谐波齿轮传动装置（Hannonic Gear Drive）的俗称。谐波齿轮传动装置实际上既可用于减速，也可用于升速，但由于其传动比很大（通常为 50～160），因此，在工业机器人、数控机床等产品上应用时，一般较少用于升速，故习惯上称为谐波减速器。

谐波齿轮传动装置是美国著名发明家 C. W. Musser 在 1955 年发明的一种特殊的齿轮传动装置，最初称为变形波发生器（Strain Wave Gearing）。该技术在 1957 年获得美国的发明专利；1960 年，美国 United Shoe Machinery 公司（简称 USM 公司）率先研制出样机。

1964 年，日本株式会社长谷川齿车（Hasegawa Gear Works Ltd.）和美国 USM 公司合作，开始对变形波发生器进行产业化研究和生产，并将产品定名为谐波齿轮传动装置（Harmonic Gear Drive）。1970 年，日本长谷川齿车和美国 USM 公司合资，在东京成立了 Harmonic Drive 公司；1979 年，公司更名为现在的 Harmonic Drive System 公司。

日本的 Harmonic Drive System（哈默纳科）公司是著名的谐波减速器生产企业，其产量占全世界总产量的 15%左右。世界著名的工业机器人几乎都使用 Harmonic Drive System 公司生产的谐波减速器。

**2. 基本结构**

谐波减速器的基本结构如图 7–1 所示，它主要由刚轮（Circular Spline）、柔轮（Flex Spline）、谐波发生器（Wave Generator）3 个基本部件构成。刚轮、柔轮、谐波发生器 3 个基本部件，可任意固定其中的 1 个，其余 2 个部件中的一个连接输入轴（主动输入），另一个即可作为输出（从动），实现减速或增速。

图 7–1 谐波减速器的基本结构

1—谐波发生器；2—柔轮；3—刚轮

（1）刚轮：刚轮是一个圆周上加工有连接孔的刚性内齿圈，其齿数比柔轮略多（一般多 2 个或 4 个）。当刚轮固定、柔轮旋转时，刚轮的连接孔用来连接壳体；当柔轮固定、刚轮旋转时，连接孔可用来连接输出轴。

为了减小体积，在薄形、超薄形或微型谐波减速器上，刚轮有时和减速器的 CRB 设计成一体，构成谐波减速器单元。

（2）柔轮：柔轮是一个可产生较大变形的薄壁金属弹性体，它既可以被制成水杯形，也可被制成礼帽形、薄饼形等其他形状。弹性体与刚轮啮合的部位为薄壁外齿圈；水杯形柔轮的底部是加工有连接孔的圆盘；外齿圈和底部间利用弹性膜片连接。当刚轮固定、柔轮旋转时，底部安装孔可用来连接输出轴；当柔轮固定、刚轮旋转时，底部安装孔可用来固定柔轮。

（3）谐波发生器：谐波发生器一般由凸轮和滚珠轴承构成。谐波发生器的内侧是一个椭圆形的凸轮，凸轮的外圆上套有一个能够产生弹性变形的薄壁滚珠轴承，轴承的内圈固定在凸轮上，外圈与柔轮内侧接触。凸轮装入轴承内圈后，轴承将产生弹性变形，而成为椭圆形。谐波发生器装入柔轮后，它又可迫使柔轮的外齿圈部位变成椭圆形，使椭圆长轴附近的柔轮齿与刚轮齿完全啮合，短轴附近的柔轮齿与刚轮完全脱开。当凸轮连接输入轴旋转时，柔轮齿与刚轮齿的啮合位置可不断变化。

### 3. 变速原理

谐波减速器的变速原理如图 7-2 所示。

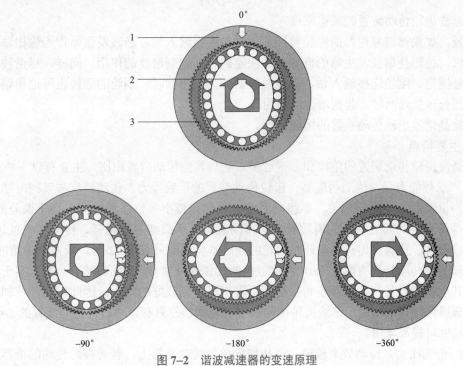

图 7-2　谐波减速器的变速原理
1—刚轮；2—谐波发生器；3—柔轮

假设旋转开始时刻，谐波发生器椭圆长轴位于 0° 位置，这时，柔轮基准齿和刚轮 0° 位置的齿完全啮合。当谐波发生器在输入轴的驱动下产生顺时针旋转时，椭圆长轴也将顺时针回转，使柔轮和刚轮啮合的齿也顺时针转移。

假设谐波减速器的刚轮固定、柔轮可旋转，由于柔轮的齿形和刚轮完全相同，但齿数少于刚轮（如相差 2 个齿），当椭圆长轴的啮合位置到达刚轮 -90° 位置时，由于柔轮、刚轮所转过的齿数必须相同，故柔轮转过的角度将大于刚轮；如刚轮和柔轮的齿差为 2 个齿，柔轮上的基准齿将逆时针偏离刚轮 0° 基准位置 0.5 个齿。当椭圆长轴的啮合位置到达刚轮 -180° 位置时，柔轮上的基准齿将逆时针偏离刚轮 0° 基准位置 1 个齿；而当椭圆长轴绕柔轮回转一周后，柔轮的基准齿将逆时针偏离刚轮 0° 位置一个齿差（2 个齿）。

这就是说，当刚轮固定、谐波发生器连接输入轴、柔轮连接输出轴时，如谐波发生器绕柔轮顺时针旋转 1 周（−360°），柔轮将相对于固定的刚轮逆时针转过一个齿差（2 个齿）。

因此，假设谐波减速器的柔轮齿数为 $z_1$、刚轮齿数为 $z_2$，则柔轮输出和谐波发生器输入间的传动比为

$$i=(z_2-z_1)/z_1$$

同样，如谐波减速器的柔轮固定、刚轮可旋转，当谐波发生器绕柔轮顺时针旋转 1 周（−360°）时，由于柔轮与刚轮所啮合的齿数必须相同，而柔轮又被固定，因此，将使刚轮的基准齿顺时针偏离柔轮一个齿差，其偏移的角度为

$$\theta=(z_2-z_1)/z_2\times360°$$

因此，当柔轮固定、谐波发生器连接输入轴、刚轮作为输出轴时，其传动比为

$$i=(z_2-z_1)/z_2$$

这就是谐波齿轮传动装置的减速原理。

相反，如果谐波减速器的刚轮被固定、柔轮连接输入轴、谐波发生器作为输出轴，则柔轮旋转时，将迫使谐波发生器的椭圆长轴快速回转，起到增速的作用。同样，当谐波减速器的柔轮被固定、刚轮连接输入轴、谐波发生器作为输出轴时，刚轮的回转也可迫使谐波发生器的椭圆长轴快速回转，起到增速的作用。

这就是谐波齿轮传动装置的增速原理。

**4. 主要特点**

由谐波齿轮传动装置的结构和原理可见，它与其他传动装置相比，主要有以下特点。

（1）承载能力强，传动精度高。齿轮传动装置的承载能力、传动精度与其同时啮合的齿数（称为重叠系数）密切相关，多齿同时啮合可起到减小单位面积载荷、均化误差的作用，故在同等条件下，同时啮合的齿数越多，传动装置的承载能力就越强、传动精度就越高。

一般而言，普通直齿圆柱渐开线齿轮的同时啮合齿数只有 1～2 对，只占总齿数的 2%～7%。谐波齿轮传动装置有两个 180° 对称方向的部位同时啮合，其同时啮合齿数远多于齿轮传动，故其承载能力强，齿距误差和累积齿距误差可得到较好的均化。因此，与部件制造精度相同的普通齿轮传动相比，谐波齿轮传动装置的传动误差只有普通齿轮传动装置的 1/4 左右，即传动精度可提高 4 倍。

（2）传动比大，传动效率较高。在传统的单级传动装置上，普通齿轮传动的推荐传动比一般为 8～10、传动效率为 0.90～0.98；行星齿轮传动的推荐传动比为 2.8～12.5、齿差为 1 的行星齿轮传动效率为 0.85～0.90；蜗轮蜗杆传动装置的推荐传动比为 8～80、传动效率为 0.40～0.95；摆线针轮传动的推荐传动比为 11～87、传动效率为 0.90～0.95。而谐波齿轮传动的推荐传动比为 50～160，如需要还可选择 30～320；传动效率与减速比、负载、温度等因素有关，正常使用时为 0.65～0.96。

（3）结构简单，体积小，重量轻，使用寿命长。谐波齿轮传动装置只有 3 个基本部件，与传动比相同的普通齿轮传动相比，其零件数可减少 50% 左右，体积、质量大约只有 1/3。此外，由于谐波齿轮传动装置的柔轮齿在传动过程中，进行的是均匀的径向移动，齿间的

相对滑移速度一般只有普通渐开线齿轮传动的 1%；加上同时啮合的齿数多、轮齿单位面积的载荷小、运动无冲击，因此，齿的磨损较小，传动装置使用寿命可长达 7 000～10 000 h。

（4）传动平稳，无冲击，噪声小。谐波齿轮传动装置可通过特殊的齿形设计，使柔轮和刚轮的啮合、退出过程实现连续渐进、渐出，啮合时的齿面滑移速度小，且无突变，因此，其传动平稳，啮合无冲击，运行噪声小。

（5）安装调整方便。谐波齿轮传动装置只有刚轮、柔轮、谐波发生器 3 个基本部件，三者为同轴安装；刚轮、柔轮、谐波发生器可按部件的形式提供（称为部件型谐波减速器），由用户根据需要，自由选择变速方式和安装方式，并直接在整机装配现场组装，其安装十分灵活、方便。此外，谐波齿轮传动装置的柔轮和刚轮啮合间隙，可通过微量改变谐波发生器的外径调整，甚至可做到无侧隙啮合，因此，其传动间隙通常非常小。

但是，谐波齿轮传动装置需要采用高强度、高弹性的特种材料，特别是柔轮、谐波发生器的轴承，它不但需要在承受较大交变载荷的情况下不断变形，而且为了减小磨损，材料还必须要有很高的硬度，因而，它对材料的材质、抗疲劳强度及加工精度、热处理的要求均很高，制造工艺较复杂。

**5. 谐波减速器的分类**

根据产品的结构形式，工业机器人常用的 Harmonic Drive System 谐波减速器总体可分为部件型（Component Type）、单元型（Unit Type）、简易单元型（Simple Unit Type）、齿轮箱型（Gear Head Type）、微型 5 大类；部分产品还可根据柔轮的形状，分为水杯形（Cup Type）、礼帽形（Silk Hat Type）、薄饼形（Pancake Type）等不同的类别，如图 7-3 所示。

（1）部件型：部件型谐波减速器只提供刚轮、柔轮、谐波发生器 3 个基本部件；用户可自由选择变速方式和安装方式，并在工业机器人的装配现场进行组装。根据柔轮形状，Harmonic Drive System 部件型谐波减速器又可分为水杯形、礼帽形、薄饼形 3 大类，及通用系列、高转矩系列、超薄系列 3 个系列。部件型谐波减速器规格齐全、产品使用灵活、安装方便、价格低，是目前工业机器人广泛使用的产品。

（2）单元型：单元型谐波减速器带有外壳和 CRB，减速器的刚轮、柔轮、谐波发生器、壳体、CRB 被整体设计成统一的单元；减速器带有输入/输出连接法兰或轴，输出采用高刚性、精密 CRB 支撑，可直接驱动负载。根据柔轮形状，单元型谐波减速器分为水杯形和礼帽形 2 类，谐波发生器的输入可选择标准轴孔、中空轴、实心轴（轴输入）等。单元型谐波减速器使用简单、安装方便，由于减速器的安装在生产厂家已完成，故传动精度高。它也是目前工业机器人常用的产品之一。

（3）简易单元型：简易单元型谐波减速器是单元型的简化，它将谐波减速器的刚轮、柔轮、谐波发生器 3 个基本部件和 CRB 整体设计成统一的单元，但无壳体和输入/输出连接法兰或轴。简易单元型减速器的柔轮形状均为礼帽形，谐波发生器的输入轴有标准轴孔、中空轴两种。简易单元型减速器的结构紧凑、使用方便，性能和价格介于部件型和单元型之间，它经常用于机器人手腕、SCARA 结构机器人。

（4）齿轮箱型：齿轮箱型谐波减速器可像齿轮减速箱一样，直接在其上安装驱动电动机，以实现减速器和驱动电动机的结构整体化，简化减速器安装。齿轮箱型减速器的柔轮形状均为水杯形，有通用系列、高转矩系列产品。齿轮箱型减速器多用于电动机的轴向安装尺寸不受限制的后驱动手腕、SCARA 结构机器人。

（5）微型：微型和超微型谐波减速器是专门用于小型、轻量工业机器人的特殊产品，它常用于3C行业电子产品、食品、药品等小规格搬运、装配、包装工业机器人，微型谐波减速器有单元型、齿轮箱型两种基本结构形式。超微型谐波减速器实际上只是对微型系列产品的补充，其内部结构、安装使用要求都和微型相同。

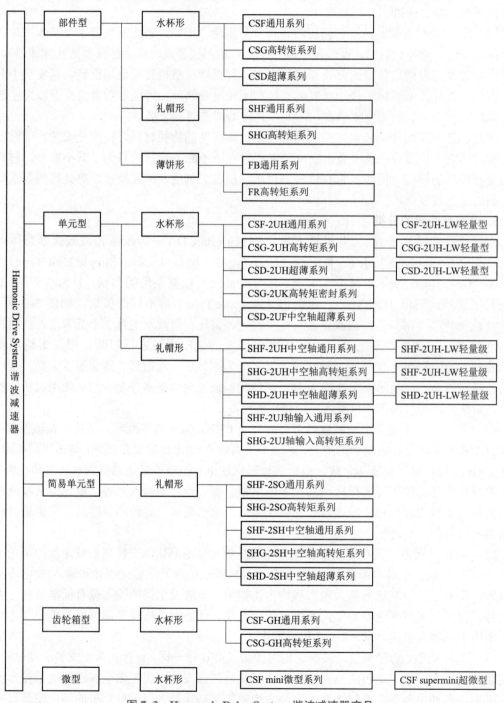

图7-3　**Harmonic Drive System** 谐波减速器产品

1）部件型减速器

（1）CSF/CSG 系列标准减速器。

Harmonic Drive System 部件型 CSF/CSG 系列谐波减速器的组成部件及结构如图 7-4 所示，由于其减速器的柔轮呈水杯状，故又称水杯形减速器。

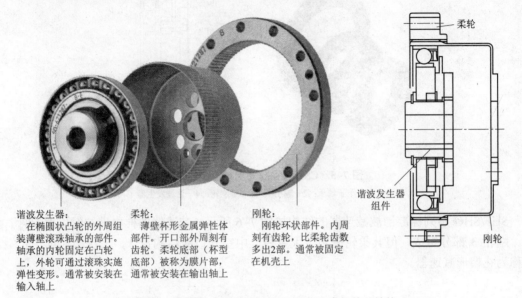

谐波发生器：
　　在椭圆状凸轮的外周组装薄壁滚珠轴承的部件。轴承的内轮固定在凸轮上，外轮可通过滚珠实施弹性变形。通常被安装在输入轴上

柔轮：
　　薄壁杯形金属弹性体部件。开口部外周刻有齿轮。柔轮底部（杯型底部）被称为膜片部，通常被安装在输出轴上

刚轮：
　　刚轮环状部件。内周刻有齿轮，比柔轮齿数多出2部。通常被固定在机壳上

柔轮

谐波发生器组件

刚轮

图 7-4　CSF/CSG 系列谐波减速器的组成部件及结构

CSF/CSG 系列减速器的外形和结构完全相同，它们均采用了谐波减速器的标准结构，减速器由谐波发生器组件、柔轮、刚轮 3 部分组成；其中，谐波发生器组件由轴套、连接板、椭圆凸轮、轴承、卡簧等多个零件组成，输入轴可通过键和轴套连接，然后由轴套和连接板带动谐波发生器旋转。

根据不同的使用要求，谐波发生器组件、柔轮、刚轮中的任意一个被固定，另外两个便可分别作为输入、输出。在工业机器人上，谐波减速器基本上用于减速，但在其他机电设备上，也可用于增速。

（2）CSD 系列超薄型减速器。

采用部件结构的 Harmonic Drive System CSD 系列超薄谐波减速器的结构如图 7-5 所示。CSD 系列减速器的柔轮形状仍为水杯形，故属于水杯形减速器的一种。

CSD 系列超薄减速器与 CSF/CSG 系列标准减速器的结构区别在于：CSD 系列减速器的谐波发生器为单一零件，它只有椭圆凸轮和轴承，无其他连接件；谐波发生器的输入轴需要直接与椭圆凸轮连接，因此，减速器的轴向尺寸被大大缩短，整体厚度只有 CSF/CSG 系列标准减速器的 2/3 左右，故特别适用于对减速器厚度有要求的 SCARA 结构机器人。

CSD 系列超薄减速器的使用方法与 CSF/CSG 系列相同。谐波发生器、柔轮、刚轮中的任意一个被固定，另外两个便可分别作为输入、输出。

（3）SHF/SHG 系列标准减速器。

采用部件结构的 SHF 通用系列、SHG 高转矩系列 Harmonic Drive System 谐波减速器是在 CSF/CSG 系列标准减速器基础上派生的产品。同规格的 SHF 和 CSF 系列、SHG 和 CSG

系列产品的使用性能相同，但 SHF 系列的产品规格少于 CSF 系列。

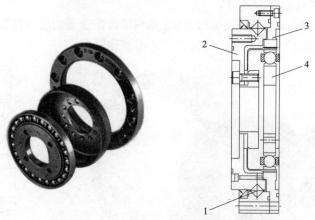

图 7-5　CSD 系列超薄型减速器的结构

1—交叉滚子轴承；2—输出法兰；3—刚轮；4—谐波发生器

SHF/SHG 系列标准谐波减速器的结构如图 7-6 所示。减速器同样由谐波发生器组件、柔轮、刚轮 3 部分组成，但其柔轮采用了大直径、中空开口的结构设计，形状类似绅士礼帽，故称为礼帽形减速器。

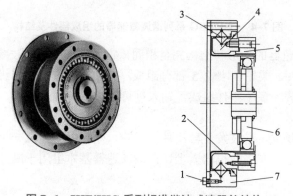

图 7-6　SHF/SHG 系列标准谐波减速器的结构

1—螺栓；2—柔轮（输出部）；3—CRB；4—CRB 内轮；5—刚轮（固定部）；6—谐波发生器（输入部）；7—CRB 外轮

SHF/SHG 系列标准谐波减速器采用大直径、中空开口柔轮，虽然加大了减速器的外径，但它可为内部连接部件提供足够的安装空间，从而缩小传动部件（如机器人关节）的整体体积；同时，由于柔轮安装直径的增加，又可降低支撑面的公差要求。因此，它多用于安装空间受限的工业机器人手腕、SCARA 结构机器人。

（4）FB/FR 系列薄饼形减速器。

采用部件结构的 FB 通用系列、FR 高转矩系列 Harmonic Drive System 谐波减速器的结构如图 7-7 所示。FB/FR 系列谐波减速器的原理与 CSG/CSF 系列减速器相同，但外形被扁平化，减速器的柔轮和谐波发生器组合后，形状类似薄饼，故称为薄饼形减速器。

FB/FR 系列薄饼形减速器的内部结构和使用方法与 CSF/CSG 系列、SHF/SHG 系列减速器都不同。FB/FR 系列减速器由谐波发生器、柔轮、刚轮 S、刚轮 D 共 4 个基本组件构成，柔轮直接采用了薄壁外齿圈结构，它不能与输入/输出轴或壳体连接；减速器的刚轮由刚轮 S 和刚轮 D 两部分组成，刚轮 D 就是谐波减速器的基本刚轮，它和柔轮间存在齿差；而刚轮 S 则起到了替代柔轮、连接输入/输出轴或壳体的作用，其齿数和柔轮相同，因此，它可随柔轮同步运动，以替代柔轮的安装与连接。

FB/FR 系列薄饼形减速器使用时，应以刚轮 S 替代柔轮安装，减速器的谐波发生器、刚轮 S、刚轮 D 这 3 个组件中，可任意固定一个，而将另外两个作为输入、输出。

图 7–7  FB/FR 系列薄饼形减速器的结构
1—刚轮 D；2—刚轮 S；3—谐波发生器组件；4—柔轮

FB 通用系列和 FR 高转矩系列薄饼形谐波减速器的基本结构相同，两者的区别仅在于 FR 高转矩系列减速器的谐波发生器采用了双列滚珠轴承，其谐波发生器、柔轮、刚轮的厚度为同规格 FB 通用系列的 2 倍左右，因此，减速器的刚性更好、输出转矩更大。

FB/FR 系列减速器的结构紧凑、使用方便、刚性高、承载能力强，其中，FR 高转矩系列薄饼形谐波减速器还有 FR–80/100 等规格的产品，额定输出转矩最大可达 4 470 N·m，是目前 Harmonic Drive System 谐波减速器中输入转矩最大、刚性最高的产品，故经常用于大型搬运、装卸的机器人手腕。

2）单元型减速器

（1）CSF/CSG–2UH 系列标准减速器。

Harmonic Drive System 单元型谐波减速器是在部件型谐波减速器的基础上派生出的产品，其中，水杯形、礼帽形都有对应的单元型产品；薄饼形目前尚未单元化。

Harmonic Drive System 单元型 CSF–2UH 通用系列、CSG–2UH 高转矩系列谐波减速器的结构如图 7–8 所示。

单元型 CSF/CSG–2UH 系列谐波减速器的谐波发生器组件、柔轮的结构与部件型 CSF/CSG 系列标准减速器完全相同，但它增加了连接刚轮、柔轮的 CRB 等部件，并通过整体设计，使之成为带有减速器安装座和输出轴连接法兰、可整体安装并直接驱动负载的完整单元。

CSF/CSG–2UH 系列减速器的刚轮、壳体和 CRB 采用了整体设计，刚轮齿直接加工在壳体上，并与 CRB 的外圈连为一体；柔轮通过连接板和 CRB 的内圈连接。因此，它可通过壳体，安装、固定减速器刚轮，而以 CRB 的内圈替代柔轮连接输出轴；用户使用时，只需根据实际使用要求固定壳体、连接输入/输出轴，而无须考虑减速器部件的内部连接和支撑、减速器润滑等问题。单元型减速器使用方便、安装刚性好、维护简单、技术性能可得到充分保证。

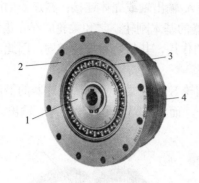
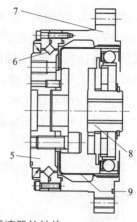

图 7-8　CSF/CSG-2UH 系列减速器的结构

1—谐波发生器组件；2—刚轮与壳体；3，9—柔轮；4—CRB；5—输出法兰；6—交叉滚子轴承；

7—刚轮；8—谐波发生器

（2）CSD-2UH 系列超薄型减速器。

CSD-2UH 系列超薄单元型减速器是在 CSD 系列超薄型减速器的基础上，进行单元化设计的产品，其结构如图 7-9 所示。

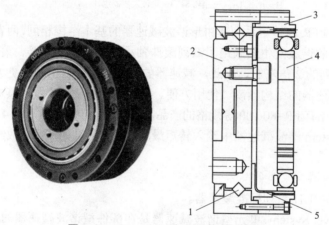

图 7-9　CSD-2UH 系列减速器的结构

1—交叉滚子轴承；2—输出法兰；3—刚轮；4—谐波发生器；5—柔轮

CSD-2UH 系列超薄单元型减速器的基本部件结构和 CSD 系列超薄型减速器相同，谐波发生器同样只有椭圆凸轮和轴承，输入轴直接与椭圆凸轮连接等。但是，单元型减速器通过高刚性、精密 CRB，将刚轮和柔轮连接成统一的整体单元，刚轮和 CRB 外围结合后，构成减速器的壳体；柔轮固定在 CRB 内圈上，可连接直接驱动负载的输出轴。

CSD-2UH 系列超薄单元型减速器兼有单元型减速器的使用方便、安装刚性好、维护简单以及超薄型减速器的结构紧凑等优点，减速器的厚度、外径分别只有 CSF/CSG 系列单元型减速器的 60%～70%，故特别适用于对减速器厚度有要求的 SCARA 结构机器人。

（3）CSG-2UK 系列密封型减速器。

CSG-2UK 系列减速器的结构如图 7-10 所示。

CSG-2UK 系列密封单元型减速器在 CSG-2UH 系列标准单元型谐波减速器的基础上，增加了输入侧的密封端盖和谐波发生器内侧的密封罩，同时，输出轴（CRB 内圈）为实心结构，这样就使整个减速器成为一个完全密封的整体。减速器的其他内部结构与 CSG–2UH 系列基本相同。

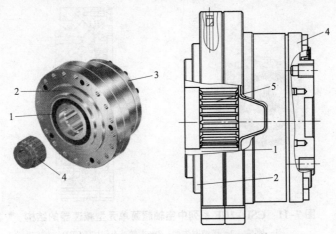

**图 7–10　CSG–2UK 系列减速器的结构**
1—谐波发生器组件；2—密封端盖；3—CRB；4—花键套；5—密封罩

输出轴采用实心结构后，谐波发生器与输入轴连接时，就不能再使用标准键、端面定位的连接方式，因此，CSG–2UK 系列密封单元型减速器的谐波发生器与输入轴间需要采用花键连接，Harmonic Drive System 公司可配套提供输入轴和谐波发生器连接的标准花键套。另外，由于花键连接要求谐波发生器有较大直径的轴孔，故 CSG–2UK 系列密封型减速器目前只有中、大规格的产品。

（4）CSD–2UF 系列中空轴超薄型减速器。

在手腕后驱结构的机器人、采用 RRR/BRR 结构手腕的机器人及 SCARA 结构的机器人上，部分运动轴的减速器内部需要布置其他轴的传动系统，如采用手腕后驱结构的机器人的手腕回转轴 R 和 SCARA 结构机器人的中间关节，其内部都有中间传动轴，这就要求谐波减速器的输入轴为中空结构，以便布置其他轴的传动系统。

一般而言，中空轴比较适合于柔轮采用大直径开口结构的礼帽形减速器。在柔轮水杯形结构的谐波减速器上，由于柔轮底面直径较小，采用中空轴结构后，将使减速器的外径大大增加，因此，较少采用中空轴结构。CSD–2UF 系列单元型减速器是 Harmonic Drive System 公司目前唯一采用中空轴结构的水杯形减速器，且只有中小规格的产品。

CSD–2UF 系列中空轴超薄单元型减速器的结构如图 7–11 所示。该系列减速器与 CSD–2UH 系列超薄单元型减速器比较，除了连接输出轴的 CRB 内圈为中空结构外，其他部分的结构都相同，减速器通过高刚性、精密 CRB，将刚轮和柔轮连接成统一的整体单元。

CSD–2UF 系列中空轴超薄单元型减速器的谐波发生器输入轴，同样直接与椭圆凸轮连接；刚轮和 CRB 外圈结合后，构成减速器的壳体；柔轮固定在 CRB 内圈上，可连接直接驱动负载的输出轴；减速器的柔轮连接板、CRB 内圈为中空结构。

（5）礼帽形 SHF/SHG–2U 系列减速器。

礼帽形谐波减速器的柔轮呈大直径、开口状，输入/输出连接部件的布置灵活，因此，采用单元型结构时，一般使用中空轴、轴输入等连接形式。由于礼帽形减速器的柔轮内部空间大，同规格减速器的中空直径大致可达水杯形 CSD−2UF 系列中空轴超薄单元型减速器的 1.5 倍左右，其产品规格也较多。

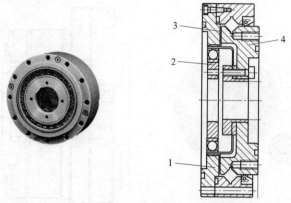

**图 7−11　CSD−2UF 系列中空轴超薄单元型减速器的结构**
1—刚轮；2—谐波发生器；3—柔轮；4—中空 CRB

SHF/SHG−2U 系列减速器有中空轴和轴输入两种基本结构，中空轴的产品系列号为 SHF/SHG−2UH，轴输入的产品系列号为 SHF/SHG−2UJ。其中，SHF−2UH、SHF−2UJ 为通用型产品；SHG−2UH、SHG−2UJ 为高转矩系列产品。由于 4 个系列的产品安装、维护要求基本相同，一并介绍如下。

① 中空轴系列。

SHF/SHG−2UH 系列中空轴单元型减速器的组成部件及结构如图 7−12 所示，它是一个带有中空轴和减速器安装、输出轴连接法兰，可整体安装与直接驱动负载的完整单元。

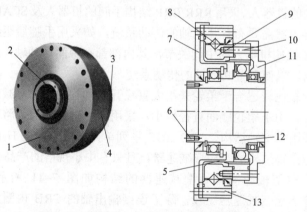

**图 7−12　SHF/SHG−2UH 系列减速器的结构**
1—前端盖；2—中空轴；3—后端盖；4，8—CRB；5—柔轮；6—输入部；7，11—输出部
9—CRB 内圈；10—刚轮；12—谐波发生器；13—CRB 外圈

SHF/SHG−2UH 系列中空轴单元型减速器的刚轮、柔轮的结构，与同规格的部件型 SHF/SHG 系列减速器完全相同，但是，单元型减速器增加了连接刚轮和柔轮的 CRB，CRB 的内圈与刚轮连接，外圈与柔轮连接。

SHF/SHG-2UH 系列减速器的谐波发生器输入轴结构与部件型的 SHF/SHG 系列减速器不同，它采用的是中空结构，并贯通整个减速器单元。输入轴的前端面上加工有连接螺孔，可连接谐波发生器的输入轴；中间部分直接加工成谐波发生器的凸轮；前后两侧都安装有支撑轴承，支撑轴承分别安装在前端盖和后端盖上。减速器的前端盖与柔轮、CRB 的外圈连接成一体后，用于柔轮的安装和连接；减速器的后端盖与刚轮、CRB 的内圈连接成一体后，用于刚轮的安装和连接。

SHF/SHG-2UH 系列中空轴单元型减速器的内部可以布置其他传动系统，其使用简单、安装方便、结构刚性好，它是后驱结构手腕、RRR/BRR 结构手腕及 SCARA 结构机器人常用的单元型减速器。

② 轴输入系列。

SHF/SHG-2UJ 系列轴输入单元型减速器的组成部件及结构如图 7-13 所示，它是一个带有标准键的连接输入轴和输出轴连接法兰、可整体安装与直接驱动负载的完整单元。

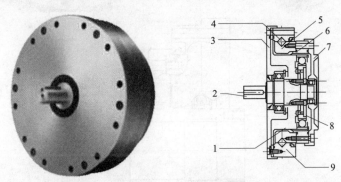

图 7-13　SHF/SHG-2UJ 系列减速器的结构
1—柔轮；2—输入部；3、7—输出部；4—CRB；
5—CRB 内圈；6—刚轮；8—谐波发生器；9—CRB 外圈

SHF/SHG-2UJ 系列轴输入单元型减速器输入轴与外部连接的部分为加工有键槽的标准轴，它可直接安装同步带轮或齿轮。输入轴的前后支撑轴承分别安装在减速器的前端盖、后端盖上。轴的中间部分用来固定谐波发生器的椭圆凸轮。减速器的其他部分结构与 SHF/SHG-2UH 系列中空轴单元型减速器相同。

SHF/SHG-2UJ 系列轴输入单元型减速器的输入轴端可直接安装同步带轮或齿轮，其使用简单、安装方便，结构刚性和密封性好，因此，特别适用于机器人的手腕摆动、SCARA 结构机器人的末端关节等。

（6）SHD-2UH 系列中空轴超薄型减速器。

SHD-2UH 系列中空轴超薄单元型减速器的结构如图 7-14 所示。该系列减速器虽然为超薄型结构，但其柔轮为礼帽形，这是它与 CSD-2UF 系列中空轴超薄型减速器的结构区别。

为了简化结构、减小体积、缩短轴向尺寸，SHD-2UH 系列中空轴超薄单元型减速器的刚轮和 CRB 采用了一体化设计，刚轮齿直接加工在 CRB 内圈（刚轮）上，使刚轮和 CRB 两者合一。

减速器的输入轴连接方式与 SHF/SHG-2UH 系列中空轴单元型减速器相同，它采用的是中空结构，并贯通整个减速器单元。输入轴的前端面上加工有连接螺孔，可连接谐波发生器输入；中间部分直接加工成谐波发生器的凸轮；前后两侧都安装有支撑轴承，支撑轴承分别安装在前端盖和后端盖上。减速器的前端盖与柔轮、CRB 外圈连接成一体，用于柔轮的安装连接；减速器的后端盖和 CRB 内圈（刚轮）连接成一体，用于刚轮的安装连接。

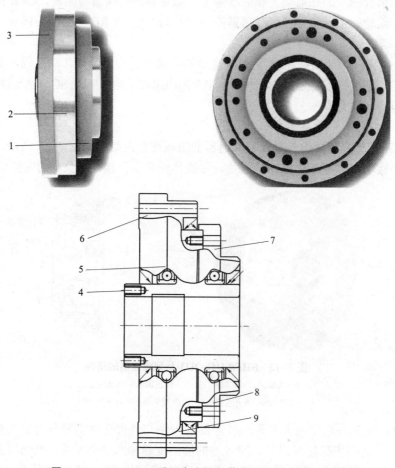

**图 7-14  SHD-2UH 系列中空轴超薄单元型减速器的结构**

1，7—后端盖；2，9—CRB 外圈；3—前端盖；4—输入轴；5—柔轮；6—前端盖；8—CRB 内圈

SHD-2UH 系列中空轴超薄单元型减速器的轴向尺寸比同规格的 SHF/SHG-2UH 系列减速器缩短了约 15%，中等以上规格的减速器输入轴中空直径也大于同规格的 SHF/SHG-2UH 系列减速器，因此，在后驱结构手腕、RRR/BRR 结构手腕及 SCARA 结构机器人上应用，可进一步增加中空的空间、缩小减速器的体积。

3）简易单元型减速器

（1）SHF/SHG-2SO 系列。

SHF/SHG-2SO 系列简易单元型标准减速器的结构如图 7-15 所示，其谐波发生器的输入采用标准轴孔连接。

SHF/SHG-2S0 系列减速器是在部件型 SHF/SHG 系列标准减速器的基础上发展起来的产品，它实际只在部件型产品上增加了连接柔轮和刚轮的 CRB，两种减速器的柔轮、刚轮、谐波发生器输入组件的结构和形状相同。

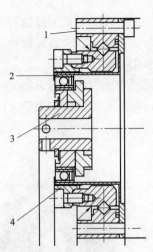

图 7-15 SHF/SHG-2SO 系列简易单元型标准减速器的结构

1—CRB；2—柔轮；3—谐波发生器输入组件；4—刚轮

SHF/SHG-2S0 系列减速器的 CRB 内圈与刚轮连接，外圈与柔轮连接，这样就使得减速器的柔轮、刚轮和 CRB 构成了一个整体，但谐波发生器仍需要像部件型减速器一样，由用户进行安装。

（2）SHF/SHG-2SH 系列。

SHF/SHG-2SH 系列简易单元型标准减速器的结构如图 7-16 所示。

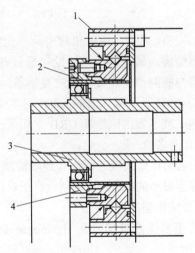

图 7-16 SHF/SHG-2SH 系列减速器的结构

1—CRB；2—柔轮；3—谐波发生器输入组件；4—刚轮

SHF/SHG-2SH 系列减速器是在 SHF/SHG-2UH 系列中空轴单元型减速器基础上派生的产品。简易单元型减速器保留了单元型减速器的柔轮、刚轮、CRB 和谐波发生器的中空输入轴，取消了单元型减速器的前后端盖，以及中空轴的前后支撑轴承与相关的卡簧、密封等部件。

SHF/SHG-2SH 系列减速器的 CRB 内圈与刚轮连接、外圈与柔轮连接，减速器的柔轮、刚轮和 CRB 组成一个统一的整体。减速器的谐波发生器输入轴为中空结构，轴的前端面上加工有连接输入轴的螺孔；中间部分直接加工成谐波发生器的凸轮；前后两侧加工有安装支撑轴承的台阶面。简易单元型减速器的谐波发生器需要由用户安装，用户使用时，需要配置中空轴的前后支撑轴承、卡簧等部件。

（3）SHD–2SH 系列。

采用简易单元型结构的 Harmonic Drive System 超超薄减速器，目前只有 SHD–2SH 系列中空轴产品，减速器的结构如图 7–17 所示。

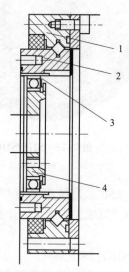

图 7–17　SHD–2SH 系列减速器的结构

1—CRB；2—刚轮；3—柔轮；4—谐波发生器

SHD–2SH 系列中空轴超薄简易单元型减速器的谐波发生器采用的是部件型 CSD 系列超薄减速器结构。减速器的谐波发生器只有中空椭圆凸轮和轴承，无其他连接件；减速器的输入轴直接与椭圆凸轮连接。谐波发生器同样需要由用户安装。

SHD–2SH 系列减速器的柔轮、刚轮及 CRB 结构与 SHD–2UH 系列中空轴超薄单元型减速器相同。减速器的刚轮和 CRB 采用了一体化设计，刚轮齿直接加工在 CRB 内圈上，使刚轮和 CRB 两者合一。

SHD–2SH 系列减速器集其他谐波减速器的超薄型部件于一体，是目前 Harmonic Drive System 厚度最小的减速器，特别适合于对轴向长度限制严格的 SCARA 结构机器人的关节驱动。

4）齿轮箱型减速器

齿轮箱型谐波减速器是 Harmonic Drive System 公司近年研发的新产品，产品外观如图 7–18 所示。

图 7–18　齿轮箱型减速器

齿轮箱型减速器可像普通的齿轮减速箱一样，直接与驱动电动机连接，实现减速器和驱动电动机的一体化安装，从而简化机械设计，方便安装和维护。在工业机器人上，齿轮箱型减速器一般用于电动机的轴向安装尺寸不受太多限制的后驱手腕、SCARA 结构的机器人等。

工业机器人常用 Harmonic Drive System 齿轮箱型谐波减速器，目前主要有通用型的 CSF–GH 系列和高转矩型的 CSG–GH 系列两大类产品（不包括微型减速器），其中，CSF–GH 系列的额定输出转矩为 5.4～951 N·m，允许转速为 2 800～8 500 r/min；CSG–GH 系列产品的额定输出转矩为 7～1 236 N·m，允许转速为 2 800～8 500 r/min。两个系列产品的外形、结构、标准均相同，标准减速比均为 50/80/100/120/160，可选择 60/90/120/170/230。齿轮箱型减速箱的内部结构如图 7–19 所示。

**图 7–19　齿轮箱型减速器的内部结构**
1—刚轮；2—谐波发生器；3—输出轴（CRB 内圈）；4—CRB；5—柔轮；6—电动机安装座；7—连接轴

5）微型减速器

Harmonic Drive System 微型谐波减速器是专门用在小型、轻量工业机器人的特殊产品，它常用于 3C 行业电子产品、食品、药品等小规模搬运、装配、包装工业机器人。

CSF 微型谐波减速器的产品系列及型号如表 7–1 所示。

**表 7–1　CSF 微型谐波减速器的产品系列及型号**

| 结构形式 | | | 产品系列与型号 | |
|---|---|---|---|---|
| 类别 | 输入连接 | 输出连接 | CSF mini（微型） | CSF supermini（超微型） |
| 单元型 | 轴 | 轴 | CSF–1U | CSF–1U |
| | | 法兰 | CSF–1UF | — |
| | 轴孔 | 轴 | CSF–1U–CC | CSF–1U–CC |
| | | 法兰 | CSF–1U–CCF | — |
| 齿轮箱型 | 轴孔 | 轴 | CSF–2XH–J | — |
| | | 法兰 | CSF–2XH–F | — |

　　根据产品规格，Harmonic Drive System 微型谐波减速器可分为 CSF mini、CSF supermini 两大系列，CSF mini 系列产品的额定输出转矩为 0.25～7.8 N·m，允许转速为 6 500～ 10 000 r/min；CSF supermini 系列产品的额定输出转矩为 0.06～0.15 N·m，允许最高转速为 10 000 r/min。

　　所谓 CSF supermini，实际上只是对 CSF mini 单元型小规格产品的补充，其安装使用要求都和 CSF mini 系列相同。Harmonic Drive System 超微型谐波减速器，目前只有轴输入/轴输出的 CSF–1U 和轴孔输入/轴输出的 CSF–1U–CC 两种产品。

　　Harmonic Drive System 微型、超微型谐波减速器均采用刚轮固定，谐波发生器输入、柔轮输出的安装形式，其柔轮均为水杯形；减速器的基本结构形式有单元型和齿轮箱型两种，产品的主要特点如下。

　　（1）单元型减速器。

　　Harmonic Drive System 单元型减速器的外观如图 7–20 所示。单元型减速器的截面为方形，其内部结构与 CSF/CSG–2UH 系列标准单元型减速器类似，减速器带有壳体和输出轴承，其刚轮、柔轮、谐波发生器、输入轴组件、壳体、输出轴承等被设计成统一的单元，可直接驱动负载。

　　根据需要，单元型结构的 CSF mini 减速器，其谐波发生器的输入连接方式可选择轴孔连接和轴连接两种；柔轮的输出轴连接方式则可选择法兰连接和轴连接两种；但 CSF supermini 的输出连接只能为轴连接。

　　单元型减速器的安装简单、使用方便，可用于电子产品、食品、药品等搬运、装配、包装用的小型、轻质工业机器人。

图 7–20　单元型减速器的外观

　　（2）齿轮箱型减速器。

　　Harmonic Drive System 齿轮箱型减速器的外观如图 7–21 所示。

（a）　　　　　　　　　　　　　　　　（b）

图 7–21　齿轮箱型减速器外观

（a）法兰输出；（b）轴输出

　　齿轮箱型减速器可像普通齿轮减速箱一样，与驱动电动机连接为一体，进行减速器和驱动电机的一体式安装，从而简化机械结构设计。采用齿轮箱型结构的 CSF mini 减速器的谐波发生器输入连接均为标准轴孔；输出轴连接形式有法兰连接和输出轴连接两种。但是，由于微型减速器的体积小，安装驱动电动机时，需要通过图 7-22 所示的过渡板，连接驱动电动机和减速器。

齿轮箱型减速器安装和调整方便，多用于电动机的轴向安装尺寸不受太多限制的 3C 行业电子产品搬运、装配、包装用的小型、轻量 SCARA 结构的机器人。

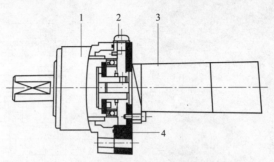

图 7-22　减速器与驱动电机的连接
1—微型减速器；2—装拆孔；3—驱动电动机；4—过渡板

## 7.3.2　了解工业机器人 RV 减速器的结构与原理

### 1. 技术起源

RV 减速器是旋转矢置（Rotary Vector）减速器的简称。RV 减速器是在传统的摆线针轮、行星齿轮传动装置的基础上，发展出来的一种新型传动装置。与谐波减速器一样，RV 减速器实际上既可用于减速，也可用于升速，但由于其传动比很大（通常为 30～260），因此，在工业机器人、数控机床等产品上应用时，一般较少用于升速，故习惯上称为 RV 减速器。

RV 减速器由日本 Nabtesco Corporation（纳博特斯克公司）的前身——日本帝人制机（Teijin Seiki）公司于 1985 年率先研制，并获得了日本的专利，从 1986 年开始商品化生产和销售。

帝人制机公司是日本著名的纺织机械、液压、包装机械生产企业，1945 年开始从事化纤、纺织机械的生产；1955 年后，开始拓展航空产品、包装机械、液压等业务；20 世纪 70 年代起开始研发和生产挖掘机的核心部件——低速、高转矩液压马达和减速器。80 年代初，该公司应机器人制造商的要求，对摆线针轮减速器进行了结构改进，并取得了 RV 减速器专利；1986 年开始批量生产和销售。从此，RV 减速器开始成为工业机器人关节驱动的核心部件，在工业机器人上得到了极为广泛的应用。

2003 年，帝人制机公司和具有悠久历史的日本著名制动器、自动门及空压、液压、润滑产品生产企业 NABCO 公司合并，成立了现在的 Nabtesco Corporation，继续进行精密 RV 减速器的研发生产。经过 10 余年的发展，Nabtesco Corporation 已成为技术领先的 RV 减速器生产企业，其产品占据了全球 60% 以上的工业机器人 RV 减速器市场，以及日本 80% 以上的数控机床自动换刀装置（ATC）RV 减速器市场。世界著名的工业机器人几乎都使用 Nabtesco Corporation 生产的 RV 减速器。

### 2. 基本结构

RV 减速器的内部结构如图 7-23 所示。RV 减速器由芯轴、端盖、针轮、输出法兰、行星齿轮、曲轴组件、RV 齿轮等部件构成。

RV 减速器的径向结构可分为 3 层，由外向内依次为针轮层、RV 齿轮层、芯轴层。这 3 层部件均可独立旋转。

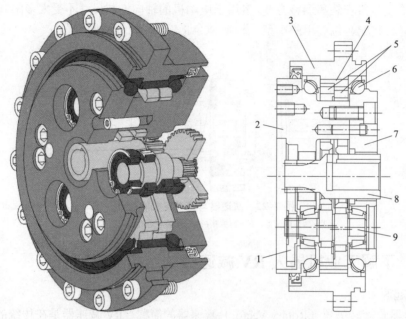

图 7-23　RV 减速器的内部结构

1—直齿轮；2—轴；3—外壳；4—针齿；5—RV 齿轮；6—主轴承；7—支撑法兰；8—输入齿轮（选件）；9—曲柄轴

针轮实际上是一个内齿圈，其内侧加工有针齿；外侧加工有法兰和安装孔，可用于减速器的安装固定。

中间层的端盖和输出法兰，通过定位销及连接螺钉连成一体；两者间安装有驱动 RV 齿轮摆动的曲轴组件；曲轴内侧套有两片 RV 齿轮。当曲轴回转时，两片 RV 齿轮可在对称方向进行摆动，故 RV 齿轮又称为摆线轮。

里层的芯轴形状与减速器的传动比有关，传动比较大时，芯轴直接加工成齿轮轴；传动比较小时，芯轴是一根套有齿轮的花键轴。芯轴上的齿轮称为太阳轮，用于减速时，芯轴一般连接驱动电动机轴输入，故又称为输入轴。太阳轮旋转时，可通过行星齿轮驱动曲轴旋转、带动 RV 齿轮摆动。

太阳轮和行星齿轮间的变速是 RV 减速器的第 1 级变速，称为正齿轮变速。减速器的行星齿轮和曲轴组件的数量与减速器规格有关，小规格减速器一般布置 2 对，中、大规格减速器布置 3 对，它们可在太阳轮的驱动下同步旋转。

RV 减速器的曲轴组件是驱动 RV 齿轮摆动的轴，它和行星齿轮间一般为花键连接。曲轴组件的中间部位为 2 段偏心轴，RV 齿轮和偏心轴间安装有滚针；当曲轴旋转时，它们可分别驱动 2 片 RV 齿轮，进行 180° 对称摆动。曲轴组件的径向载荷较大，因此，它需要用安装在端盖和法兰上的圆锥滚柱轴承支撑。

RV 齿轮和针轮利用针齿销传动，当 RV 齿轮摆动时，针齿销可推动针轮缓慢旋转。RV 齿轮和针轮构成了减速器的第 2 级变速，即差动齿轮变速。

### 3. 变速原理

RV 减速器的变速原理如图 7-24 所示，减速器通过正齿轮变速、差动齿轮变速 2 级变速，实现了大传动比变速。

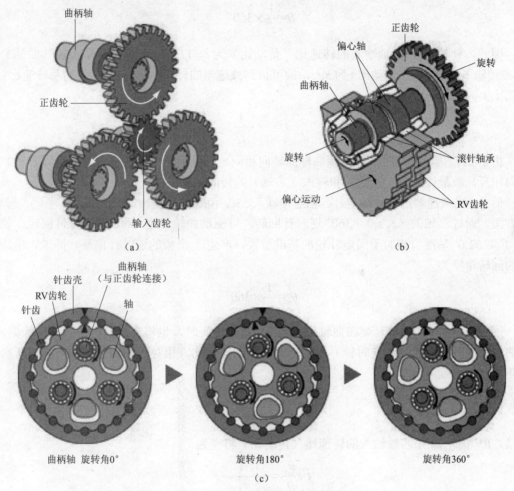

图 7-24　RV 减速器的变速原理

(a) 正齿轮减速；(b) RV 齿轮摆动；(c) 齿差减速

（1）正齿轮变速。正齿轮减速原理如图 7-24（a）所示，它是由行星齿轮和太阳轮实现的齿轮变速，假设太阳轮的齿数为 $z_1$、行星齿轮的齿数为 $z_2$，行星齿轮输出/芯轴输入的转速比（传动比）为 $z_1/z_2$、转向相反。

（2）差动齿轮变速。当行星齿轮带动曲轴回转时，曲轴上的偏心块将带动 RV 齿轮做图 7-24（b）所示的摆动。因曲轴上的 2 段偏心轴为对称布置，故 2 个 RV 齿轮可在对称方向同时摆动。

图 7-24（c）所示为其中的一片 RV 齿轮的摆动情况，另一片的摆动过程相同，但相位相差 180°。由于减速器的 RV 齿轮和壳体针轮之间安装有针齿销，RV 齿轮摆动时，针齿销将迫使 RV 齿轮沿针轮的齿逐齿回转。

如果 RV 减速器的 RV 齿轮固定、芯轴连接输入、针轮连接输出，并假设 RV 齿轮的齿数

为 $z_4$，针轮的齿数为 $z_3$（齿差为 $z_4-z_3=1$ 时，）。当偏心轴带动 RV 齿轮顺时针旋转 $360°$ 时，RV 齿轮的 $0°$ 基准齿和针轮基准位置间将产生 1 个齿的偏移。相对于针轮而言，其偏移角度为

$$\theta = \frac{1}{z_4} \times 360°$$

因此，针轮输出/曲轴输入的转速比（传动比）为 $i=1/z_4$；考虑到行星齿轮（曲轴）输出/芯轴输入的转速比（传动比）为 $z_1/z_2$，故可得到减速器的针轮输出/芯轴输入的总转速比（总传动比）为

$$i = \frac{z_1}{z_2} \cdot \frac{1}{z_4}$$

由于 RV 齿轮固定时，针轮和曲轴的转向相同、行星齿轮（曲轴）和太阳轮（芯轴）的转向相反，故最终输出（针轮）和输入（芯轴）的转向相反。

但是，当减速器的针轮固定、芯轴连接输入、RV 齿轮连接输出时，情况有所不同。因为，一方面，通过芯轴的 $(z_2/z_1) \times 360°$ 逆时针回转，可驱动曲轴产生 $360°$ 的顺时针回转，使得 RV 齿轮的 $0°$ 基准齿相对于固定针轮的基准位置，产生 1 个齿的逆时针偏移，即 RV 齿轮输出的回转角度为

$$\theta_o = \frac{1}{z_4} \times 360°$$

同时，由于 RV 齿轮套装在曲轴上，当 RV 齿轮偏转时，也将使曲轴的中心逆时针偏转；因曲轴中心的偏转方向（逆时针）与芯轴转向相同，因此，相对于固定的针轮，芯轴所产生的相对回转角度为

$$\theta_i = \left( \frac{z_2}{z_1} + \frac{1}{z_4} \right) \times 360°$$

所以，RV 齿轮输出/芯轴输入的转速比（传动比）将变为

$$i = \frac{\theta_o}{\theta_i} = \frac{1}{1 + \frac{z_2}{z_1} \cdot z_4}$$

输出（RV 齿轮）和输入（芯轴）的转向相同。

这就是 RV 减速器差动齿轮变速部分的减速原理。

相反，如果减速器的针轮被固定，RV 齿轮连接输入、芯轴连接输出，则 RV 齿轮旋转时，将迫使曲轴快速回转，起到增速的作用。同样，当减速器的 RV 齿轮被固定，针轮连接输入、芯轴连接输出，针轮的回转也可迫使曲轴快速回转，起到增速的作用。

这就是 RV 减速器差动齿轮变速部分的增速原理。

**4. 主要特点**

由 RV 减速器的结构和原理可见，它与其他传动装置相比，主要有以下特点。

（1）传动比大：RV 减速器设计有正齿轮、差动齿轮 2 级变速，其传动比不仅比传统的普通齿轮、行星齿轮、蜗轮蜗杆、摆线针轮传动大，且还可做得比谐波齿轮传动更大。

（2）结构刚性好：减速器的针轮和 RV 齿轮间通过直径较大的针齿销传动，曲轴采用的

是圆锥滚柱轴承支撑；减速器的结构刚性好、使用寿命长。

（3）输出转矩高：RV 减速器的正齿轮变速一般有 2～3 对行星齿轮；差动变速采用的是硬齿面多齿销同时啮合，且其齿差固定为 1 齿，因此，在体积相同时，其齿形可比谐波减速器做得更大、输出转矩更高。

但是，RV 减速器的内部结构远比谐波减速器复杂，且有正齿轮、差动齿轮 2 级变速齿轮，传动间隙较大，其定位精度一般不及谐波减速器。此外，由于 RV 减速器的结构复杂，它不能像谐波减速器那样直接以部件形式、由用户在工业机器人的生产现场自行安装，故其使用也不及谐波减速器方便。

总之，与谐波减速器比较，RV 减速器具有传动比大、结构刚性好、输出转矩高等优点，但其传动精度较低、生产制造成本较高、维护修理较困难，因此，它多用于机器人机身上的腰、上臂、下臂等大惯量、高转矩输出关节减速，或用于大型搬运和装配工业机器人手腕减速。

**5. RV 减速器的分类**

在 RV 减速器产品方面，RV 基本型减速器是帝人制机公司 1986 年研发的传统产品；20 世纪 80 年代末、90 年代初，该公司又相继推出了改进型的 RV A、RV AE 系列产品；90 年代中后期，推出了中空轴的 RV C、标准型的 RV E 等系列产品。帝人制机公司和 NABCO 公司合并后，Nabtesco Corporation 先后推出了目前主要生产和销售的 RV N 紧凑型、GH 高速型、RD2 齿轮箱型、RS 扁平型、回转执行器（Rotary Actuator）等一系列新产品。

根据产品的基本结构形式，Nabtesco Corporation 目前常用的 RV 减速器主要有部件型、齿轮箱型、RV 减速器/驱动电动机集成一体化的回转执行器 3 大类。

Nabtesco Corporation 部件型、齿轮箱型 RV 减速器是工业机器人的常用产品，产品的分类情况如图 7-25 所示。

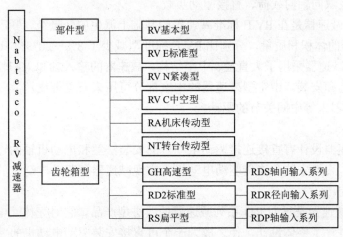

图 7-25　RV 减速器的分类

1）部件型

部件型 RV 减速器是以功能部件形式提供的产品，用户不能自行组装，从这一意义上说，其安装和使用方法相当于 Harmonic Drive System 的单元型谐波减速器。

在部件型减速器中，RV基本型减速器采用图7-23所示的基本结构，这种减速器无外壳和输出轴承，减速器的安装固定和输入/输出连接由针轮、输入轴、输出法兰实现；针轮和输出法兰间的支撑轴承需要用户自行安装。

部件型的RA和NT型减速器是专门用于数控车床刀架、加工中心自动换刀装置（Automatic Tool Changer，ATC）以及工作台自动交换装置（Automatic Pallet Changer，APC）的RV减速器，减速器的基本结构与RV E标准型类似，但其结构刚性更好、承载能力更强。

RV E标准型、RV N紧凑型、RV C中空型是工业机器人常用的产品，减速器的外形如图7-26所示。

（a）　　　　　　　　　　　（b）　　　　　　　　　　　（c）

图7-26　常用的部件型RV减速器
（a）RV E；（b）RV N；（c）RV C

RV E标准型减速器采用的是当前RV减速器常用的标准结构，减速器带有外壳和输出轴承及用于减速器安装固定、输入/输出连接的安装法兰、输入轴/输出法兰；输出法兰和壳体可以同时承受径向及双向轴向载荷、直接驱动负载。

RV N紧凑型减速器是在RV E标准减速器的基础上派生的轻量级、紧凑型产品，同规格的RV N型减速器的体积和质量，分别比RV E标准型减少了8%～20%和16%～36%。

RV C中空型减速器采用了大直径、中空结构，减速器的输入轴和太阳轮需要选配或由用户自行设计、制造和安装。中空型减速器的中空部分可用来布置管线，故多用于工业机器人手腕、SCARA机器人等中间关节的驱动。

2）齿轮箱型

齿轮箱型减速器设计有直接连接驱动电动机的安装法兰和电动机轴的连接部件，它可像齿轮减速箱一样，直接安装和连接驱动电动机，实现减速器和驱动电动机的结构整体化，以简化减速器的安装。

RD2标准型减速器是早期RD系列减速器的改进型产品，它对壳体、电动机安装法兰、输入轴连接部件进行了整体设计，使之成为一个可直接安装驱动电动机的完整减速器单元。为了便于使用，RD2型减速器与驱动电动机的安装形式有图7-27所示的轴向（RDS系列）、径向（RDR系列）和轴连接（RDP系列）3类；每类又分实心芯轴和中空芯轴2个系列，它们分别是RV E标准型和RV C中空轴型减速器的齿轮箱化。

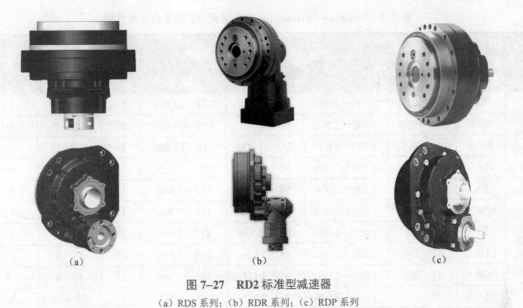

（a）　　　　　　　　　（b）　　　　　　　　　（c）

图 7-27　**RD2 标准型减速器**

（a）RDS 系列；（b）RDR 系列；（c）RDP 系列

GH 高速型减速器的外形如图 7-28 所示。这种减速器的输出转速较高、总减速比较小，其第 1 级正齿轮基本不起减速作用，因此，其太阳轮直径较大，故多采用芯轴和太阳轮分离型结构，两者通过花键进行连接。GH 型减速器芯轴的输入轴连接形式为标准轴孔；RV 齿轮的输出连接形式有输出法兰、输出轴两种，用户可根据需要选择。GH 型减速器的减速比一般只有 10～30，其额定输出转速为标准型的 3.3 倍，过载能力为标准型的 1.4 倍，故常用于转速相对较高的工业机器人上臂、手腕等关节驱动。

RS 扁平型减速器的外形如图 7-29 所示。RS 型减速器为 Nabtesco Corporation 近年开发的新产品，为了减小厚度，减速器的驱动电动机统一采用径向安装，芯轴为中空。RS 扁平型减速器的额定输出转矩高（可达 8 820 N·m）、额定转速低（一般为 10 r/min）、承载能力强（载重可达 9 000 kg），故可用于大规格搬运、装卸、码垛工业机器人的机身、中型机器人的腰关节，以及回转工作台等的重载驱动。

图 7-28　GH 高速型减速器的外形　　　　　图 7-29　RS 扁平型减速器的外形

Nabtesco Corporation 当前常用的 RV 减速器基本性能如表 7-2 所示，表中的额定输出转速仅仅是计算额定输出转矩、使用寿命用的基准值，并不代表减速器可以在此转速下长时间、连续工作。

表7-2 Nabtesco Corporation 当前常用 RV 减速器基本性能

| 产品系列 | | 转动比 | 允许输入转速/（r·min⁻¹） | 输出转矩/（N·m） | | 输出转速/（r·min⁻¹） | | 转动间隙（′） |
|---|---|---|---|---|---|---|---|---|
| | | | | 额定 | 加减速 | 额定 | 允许 | |
| 部件型 | RV | 57～192.4 | 3 500～2 000 | 137～5 390 | 274～13 475 | 15 | 60～20 | 1 |
| | RV E | 31～192.4 | 3 500～2 000 | 58～4 410 | 117～18 620 | 30/15 | 100～25 | 1.5/1 |
| | RV N | 41～203.52 | 3 500～2 000 | 245～7 000 | 612～17 500 | 15 | 110～19 | 1 |
| | RV C | 27～37.34 | 3 500～2 000 | 98～4 900 | 245～12 250 | 15 | 80～20 | 1 |
| 齿轮箱型 | RDS E | 31～185 | 3 500～2 000 | 58～3 136 | 117～7 840 | 15 | 100～11 | 1.5/1 |
| | RDR E | 31～185 | 3 500～2 000 | 58～3 136 | 117～7 840 | 15 | 100～11 | 2/1.5 |
| | RDP E | 57～81 | 3 500～2 000 | 167～3 136 | 412～7 840 | 15 | 43～25 | 1 |
| | RDS C | 81～258 | 3 500～2 000 | 98～3 136 | 245～7 840 | 15 | 43～8 | 1 |
| | RDR C | 81～258 | 3 500～2 000 | 98～3 136 | 245～7 840 | 15 | 43～8 | 1.5 |
| | RDP C | 100～157 | 3 500～2 000 | 98～3 136 | 245～7 840 | 15 | 32～13 | 1 |
| | GH | 11～31 | 3 500～2 000 | 69～980 | 206～2 942 | 50 | 150～65 | 6～10 |
| | RS | 120～240 | 3 500～2 000 | 2 548～8 820 | 6 370～17 640 | 15 | 21.5～10 | 1 |

# 7.4 任务实现

## 任务1 工业机器人部件型谐波减速器的安装与维护

**1. CSF/CSG 系列标准谐波减速器的安装与维护**

1）安装要求

CSF/CSG 系列标准谐波减速器对安装支撑面的公差要求如图7-30、表7-3所示。减速器更换或重新安装时，需要检查支撑件和连接件的形位公差，确保满足表7-3的要求。

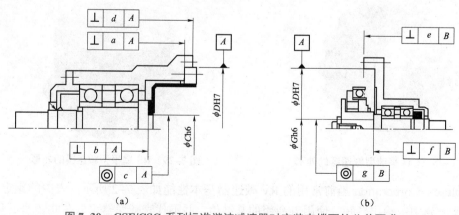

图7-30 CSF/CSG 系列标准谐波减速器对安装支撑面的公差要求

（a）刚轮及柔轮安装；（b）谐波发生器安装

表 7-3　CSF/CSG 系列标准谐波减速器支撑件和连接的公差要求（单位：mm）

| 规格 | 11 | 14 | 17 | 20 | 25 | 32 | 40 | 45 | 50 | 58 | 65 | 80 |
|------|------|------|------|------|------|------|------|------|------|------|------|------|
| a | 0.010 | 0.011 | 0.012 | 0.013 | 0.014 | 0.016 | 0.016 | 0.017 | 0.018 | 0.020 | 0.023 | 0.027 |
| b | 0.006 | 0.008 | 0.011 | 0.014 | 0.018 | 0.022 | 0.025 | 0.028 | 0.030 | 0.032 | 0.035 | 0.040 |
| c | 0.008 | 0.015 | 0.018 | 0.019 | 0.022 | 0.022 | 0.024 | 0.027 | 0.030 | 0.032 | 0.035 | 0.043 |
| d | 0.010 | 0.011 | 0.015 | 0.017 | 0.024 | 0.026 | 0.026 | 0.027 | 0.028 | 0.031 | 0.034 | 0.043 |
| e | 0.010 | 0.011 | 0.015 | 0.017 | 0.024 | 0.026 | 0.026 | 0.027 | 0.028 | 0.031 | 0.034 | 0.043 |
| f | 0.012 | 0.017 | 0.020 | 0.020 | 0.024 | 0.024 | 0.032 | 0.032 | 0.032 | 0.032 | 0.032 | 0.036 |
| g | 0.015 | 0.030 | 0.044 | 0.044 | 0.047 | 0.050 | 0.063 | 0.065 | 0.066 | 0.068 | 0.070 | 0.090 |

安装减速器柔轮时需要注意：为了防止柔轮变形，连接柔轮和轴时，必须使用图 7-31 所示的专门固定圈，夹紧轴的支撑端面和柔轮，再用连接螺钉紧固；而不能通过普通垫圈压紧柔轮。其他类型谐波减速器的柔轮安装，同样需要按照这一要求进行。

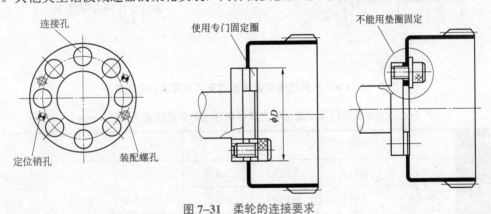

图 7-31　柔轮的连接要求

2）润滑要求

工业机器人用的谐波减速器一般都采用脂润滑，使用时需要定期检查润滑情况。CSF/CSG 系列标准谐波减速器的润滑脂填充要求如图 7-32 所示。

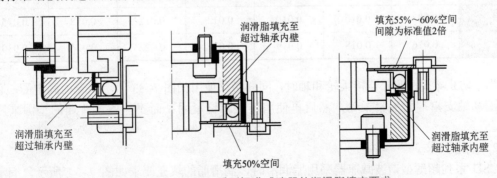

图 7-32　CSF/CSG 系列标准减速器的润滑脂填充要求

润滑脂的补充和更换时间与减速器的实际工作转速、环境温度有关，实际工作转速、环境温度越高，补充和更换润滑脂的周期就越短。润滑脂型号的选用、注入量、补充时间，在减速器、机器人使用维护手册上，一般都有具体的要求；用户使用时，应按照生产厂家的要求进行。

**2. CSD 系列超薄型减速器的安装与维护**

1）安装要求

CSD 系列超薄型谐波减速器对安装支撑面的公差要求如图 7-33、表 7-4 所示。由于谐波发生器输入轴需要直接连接凸轮，因此，它对输入轴的安装公差要求高于 CSF/CSG 系列。减速器更换或重新安装时，需要检查支撑件和连接件的公差，确保满足表 7-4 的要求。

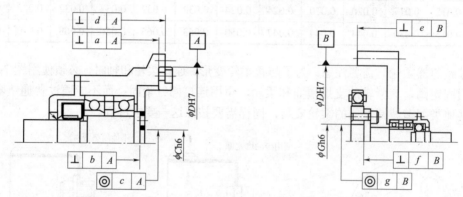

图 7-33 CSD 系列超薄型减速器对安装支撑面的公差要求

表 7-4 CSD 系列超薄型减速器支撑件和连接的公差要求（单位：mm）

| 规格 | 14 | 17 | 20 | 25 | 32 | 40 | 50 |
|---|---|---|---|---|---|---|---|
| *a* | 0.011 | 0.012 | 0.013 | 0.014 | 0.016 | 0.016 | 0.018 |
| *b* | 0.008 | 0.011 | 0.014 | 0.018 | 0.022 | 0.025 | 0.030 |
| *c* | 0.015 | 0.018 | 0.019 | 0.022 | 0.022 | 0.024 | 0.030 |
| *d* | 0.011 | 0.015 | 0.017 | 0.024 | 0.026 | 0.026 | 0.028 |
| *e* | 0.011 | 0.015 | 0.017 | 0.024 | 0.026 | 0.026 | 0.028 |
| *f* | 0.008 | 0.010 | 0.010 | 0.012 | 0.012 | 0.012 | 0.015 |
| *g* | 0.016 | 0.018 | 0.019 | 0.022 | 0.022 | 0.024 | 0.030 |

为了防止柔轮变形，连接柔轮和轴时，同样必须使用如图 7-33 所示的专门固定圈，通过固定圈和轴支撑端面夹紧柔轮，然后再使用连接螺钉紧固；而不能通过普通的垫圈来压紧柔轮。

2）润滑要求

CSD 系列超薄型谐波减速器采用脂润滑时，润滑脂的填充要求如图 7-34 所示。润滑脂的补充和更换时间与减速器的实际工作转速、环境温度有关，实际工作转速、环境温度越高，补充和更新润滑脂的周期就越短。减速器使用时，必须定期检查润滑情况，润滑脂型号的选用、注入量、补充时间，应按照生产厂家的要求进行。

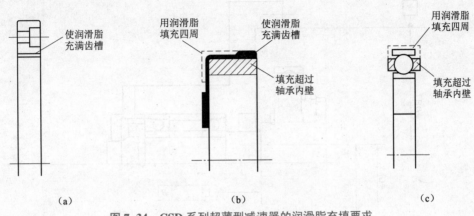

图 7-34　CSD 系列超薄型减速器的润滑脂充填要求

(a) 刚轮；(b) 柔轮；(c) 谐波发生器

### 3. SHF/SHG 系列标准减速器的安装与维护

SHF/SHG 系列标准减速器对安装支撑面的公差要求如图 7-35、表 7-5 所示。由于柔轮的安装面直径比同规格的 CSG/CSF 系列减速器要大得多，因此，柔轮连接面的公差要求低于 CSG/CSF 系列减速器。减速器更换或重新安装时，需要检查支撑件和连接件的公差，确保满足表 7-6 的要求。

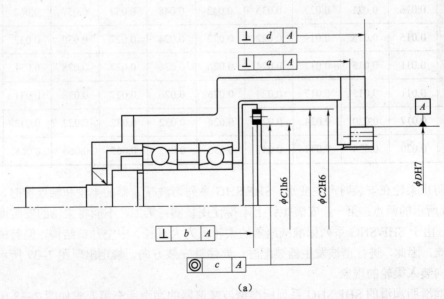

图 7-35　SHF/SHG 系列标准减速器对安装支撑面的公差要求

(a) 刚轮及柔轮安装

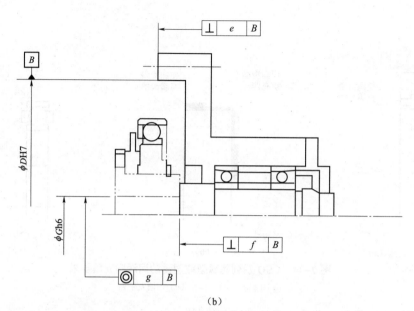

（b）

图 7-35　SHF/SHG 系列标准减速器对安装支撑面的公差要求（续）

（b）谐波发生器的安装

表 7-5　SHF/SHG 系列标准减速器支承件和连接的公差要求（单位：mm）

| 规格 | 14 | 17 | 20 | 25 | 32 | 40 | 45 | 50 | 58 | 65 |
|---|---|---|---|---|---|---|---|---|---|---|
| *a* | 0.011 | 0.012 | 0.013 | 0.014 | 0.016 | 0.016 | 0.017 | 0.018 | 0.020 | 0.023 |
| *b* | 0.016 | 0.021 | 0.027 | 0.035 | 0.042 | 0.048 | 0.053 | 0.057 | 0.062 | 0.067 |
| *c* | 0.015 | 0.018 | 0.019 | 0.022 | 0.022 | 0.024 | 0.027 | 0.030 | 0.032 | 0.035 |
| *d* | 0.011 | 0.015 | 0.017 | 0.024 | 0.026 | 0.026 | 0.027 | 0.028 | 0.031 | 0.034 |
| *e* | 0.011 | 0.015 | 0.017 | 0.024 | 0.026 | 0.026 | 0.027 | 0.028 | 0.031 | 0.034 |
| *f* | 0.017 | 0.020 | 0.024 | 0.024 | 0.024 | 0.032 | 0.032 | 0.032 | 0.032 | 0.032 |
| *g* | 0.030 | 0.034 | 0.044 | 0.047 | 0.050 | 0.063 | 0.065 | 0.066 | 0.068 | 0.070 |

　　为了防止柔轮在安装时产生变形，SHF/SHG 系列谐波减速器的柔轮和轴连接时，需要注意图 7-36 所示的两点：第一，安装螺钉上不得使用垫圈；第二，不能将柔轮的安装面反向固定。此外，由于 SHF/SHG 系列标准减速器的柔轮虽为大直径、中空开口结构，但其根部的变形十分困难，因此，进行谐波发生器装配时，要注意安装方向，禁止出现图 7-37 所示的谐波发生器反向装入柔轮的现象。

　　采用润滑脂润滑的 SHF/SHG 系列标准谐波减速器的润滑脂充填要求如图 7-38 所示。润滑脂的补充和更换时间与减速器的实际工作转速、环境温度有关，实际工作转速、环境温度越高，补充和更换润滑脂的周期越短。减速器使用时，必须定期检查润滑情况，润滑脂型号的选用、注入量、补充时间，应按照生产厂家的要求进行。

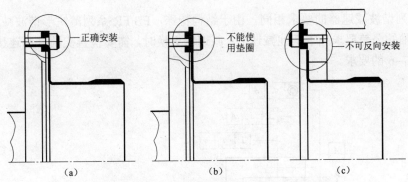

图 7-36 SHF/SHG 系列标准减速器柔轮的连接要求

（a）正确安装；（b）不能使用垫圈；（c）不可反向安装

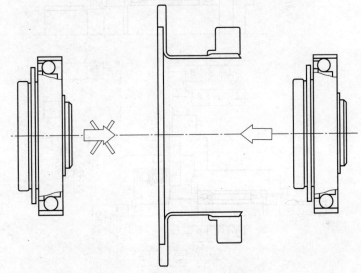

图 7-37 SHF/SHG 系列标准减速器谐波发生器反向装入柔轮

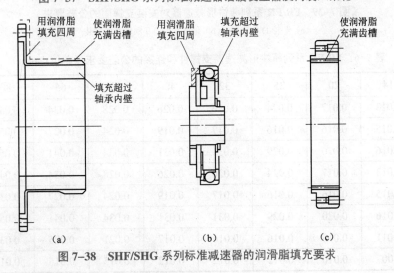

（a）　　　　　　　　（b）　　　　　　　　（c）

图 7-38 SHF/SHG 系列标准减速器的润滑脂填充要求

**4. FB/FR 系列薄饼形减速器的安装与维护**

FB/FR 系列薄饼形谐波减速器对安装支撑面的公差要求如图 7-39、表 7-6 所示。同规格的 FB/FR 系列谐波减速器的要求相同。由于结构特殊，FB/FR 系列薄饼形谐波减速器对谐波发生器输入轴的公差要求高于其他减速器；减速器更换时，需要检查支撑件和连接件的公差，确保达到表 7-6 的要求。

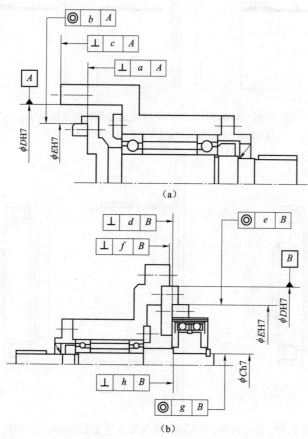

图 7-39　FB/FR 系列薄饼形减速器对安装支撑面的公差要求

（a）刚轮 D 的安装；（b）谐波发生器及刚轮 S 的安装

表 7-6　FB/FR 系列薄饼形减速器支撑件和连接的公差要求（单位：mm）

| 规格 | 14 | 20 | 25 | 32 | 40 | 50 | 65 | 80 | 100 |
|---|---|---|---|---|---|---|---|---|---|
| a | 0.013 | 0.017 | 0.024 | 0.026 | 0.026 | 0.028 | 0.034 | 0.043 | 0.057 |
| b | 0.015 | 0.016 | 0.016 | 0.017 | 0.019 | 0.024 | 0.027 | 0.033 | 0.038 |
| c | 0.016 | 0.020 | 0.029 | 0.031 | 0.031 | 0.034 | 0.041 | 0.052 | 0.068 |
| d | 0.013 | 0.017 | 0.024 | 0.026 | 0.026 | 0.028 | 0.034 | 0.043 | 0.057 |
| e | 0.015 | 0.016 | 0.016 | 0.017 | 0.019 | 0.024 | 0.027 | 0.033 | 0.038 |
| f | 0.016 | 0.020 | 0.029 | 0.031 | 0.031 | 0.034 | 0.041 | 0.052 | 0.068 |
| g | 0.011 | 0.013 | 0.016 | 0.016 | 0.017 | 0.021 | 0.025 | 0.030 | 0.035 |
| h | 0.007 | 0.010 | 0.012 | 0.012 | 0.012 | 0.015 | 0.015 | 0.015 | 0.015 |

　　FB/FR 系列薄饼形谐波减速器的特殊结构决定了其谐波发生器、柔轮、刚轮都可以轴向

运动，因此，安装时必须充分考虑到三者存在轴向窜动的可能性，通过合理的结构设计，避免其轴向窜动；此外，还必须保证刚轮 S 和刚轮 D 的同心度、垂直度要求。图 7-40 所示为 FB/FR 系列薄饼形谐波减速器的安装示例，可供产品设计、维修参考。

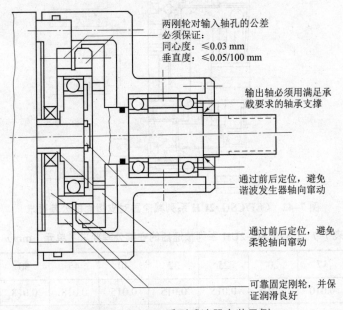

两刚轮对输入轴孔的公差
必须保证：
同心度：≤0.03 mm
垂直度：≤0.05/100 mm

输出轴必须用满足承载要求的轴承支撑

通过前后定位，避免谐波发生器轴向窜动

通过前后定位，避免柔轮轴向窜动

可靠固定刚轮，并保证润滑良好

图 7-40　FB/FR 系列减速器安装示例

FB/FR 系列薄饼形谐波减速器的润滑要求高于其他谐波减速器，原则上说，两系列的减速器都需要使用润滑油进行润滑。FB/FR 系列薄饼形减速器使用时，必须按照图 7-41 所示的要求，定期检查减速器的润滑油情况，保证润滑油的液面能够浸没轴承内圈；同时还需要保持轴心到液面的距离，以防止油液的渗漏和溢出。

由于润滑脂的冷却效果差，因此，连续使用的 FB/FR 系列减速器原则上不能采用脂润滑。但是，如果减速器只用于断续、短时间工作，也可使用润滑脂润滑，FB/FR 系列薄饼形减速器采用脂润滑时，必须满足的条件如下。

① 输入转速：低于该系列的平均输入转速；

② 负载率：≤10%；

③ 连续运行时间：≤10 min。

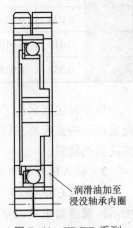

润滑油加至浸没轴承内圈

图 7-41　FB/FR 系列减速器的润滑要求

## 任务 2　工业机器人单元型谐波减速器的安装与维护

### 1. CSF/CSG-2UH 系列标准减速器的安装与维护

1）减速器安装要求

CSF/CSG-2UH 系列单元型谐波减速器对支撑面的公差要求如图 7-42、表 7-7 所示。

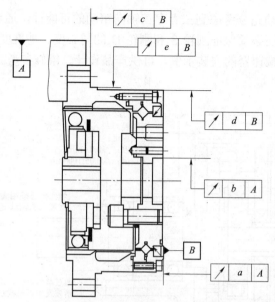

图 7-42　CSF/CSG-2UH 系列减速器对支撑面的公差要求

表 7-7　CSF/CSG-2UH 系列减速器的安装公差要求（单元：mm）

| 规格 | 14 | 17 | 20 | 25 | 32 | 40 | 45 | 50 | 58 | 65 |
|---|---|---|---|---|---|---|---|---|---|---|
| a | 0.010 | 0.010 | 0.010 | 0.015 | 0.015 | 0.015 | 0.018 | 0.018 | 0.018 | 0.018 |
| b | 0.010 | 0.012 | 0.012 | 0.013 | 0.013 | 0.015 | 0.015 | 0.015 | 0.017 | 0.017 |
| c | 0.024 | 0.026 | 0.038 | 0.045 | 0.056 | 0.060 | 0.068 | 0.069 | 0.076 | 0.085 |
| d | 0.010 | 0.010 | 0.010 | 0.010 | 0.010 | 0.015 | 0.015 | 0.015 | 0.015 | 0.015 |
| e | 0.038 | 0.038 | 0.047 | 0.049 | 0.054 | 0.060 | 0.065 | 0.067 | 0.070 | 0.075 |

由于减速器采用了高刚性、精密 CRB，因此，它对壳体外圆、输出轴连接端面、CRB 内圈定位孔的公差要求较高，减速器更换或重新安装时，要严格检查并保证其公差要求，防止减速器的倾斜。

2）输入轴安装要求

单元型 CSF/CSG-2UH 系列谐波减速器对谐波发生器输入轴的安装要求如图 7-43、表 7-8 所示。减速器更换或重新安装时，要检查并保证谐波发生器输入轴和减速器输入法兰定位基准面的公差要求，避免两者间出现不同轴或倾斜现象。

表 7-8　CSF/CSG-2UH 系列减速器输入轴的安装要求（单位：mm）

| 规格 | 14 | 17 | 20 | 25 | 32 | 40 | 45 | 50 | 58 | 65 |
|---|---|---|---|---|---|---|---|---|---|---|
| a | 0.011 | 0.015 | 0.017 | 0.024 | 0.026 | 0.026 | 0.027 | 0.028 | 0.031 | 0.034 |
| b | 0.017 | 0.020 | 0.020 | 0.024 | 0.024 | 0.032 | 0.032 | 0.032 | 0.032 | 0.032 |
| c | 0.030 | 0.034 | 0.044 | 0.047 | 0.050 | 0.063 | 0.065 | 0.066 | 0.068 | 0.070 |

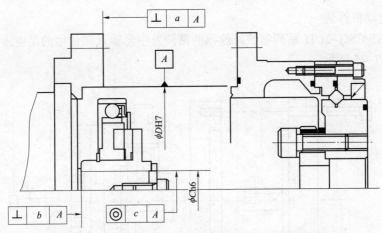

图 7-43　CSF/CSG-2UH 系列减速器输入轴的安装要求

**3）支撑座要求**

一般而言，单元型 CSF/CSG-2UH 系列谐波减速器的谐波发生器输入轴通常直接连接驱动电动机轴，两者之间需要安装过渡板或安装座。电动机过渡板或安装座的推荐尺寸及安装要求如图 7-44、表 7-9 所示，这一要求也适合于其他形式的轴输入。驱动电动机更换或重新安装时，要检查并保证过渡板或安装座的公差要求，避免驱动电动机和减速器间出现不同轴或倾斜现象。

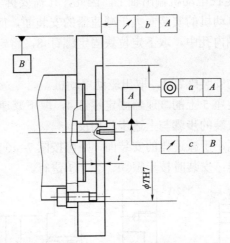

图 7-44　CSF/CSG-2UH 系列谐波减速器过渡板的安装要求

表 7-9　CSF/CSG-2UH 系列谐波减速器过渡板的尺寸和安装要求（单位：mm）

| 规格 | 14 | 17 | 20 | 25 | 32 | 40 | 45 | 50 | 58 | 65 |
|---|---|---|---|---|---|---|---|---|---|---|
| a | 0.030 | 0.040 | 0.040 | 0.040 | 0.040 | 0.050 | 0.050 | 0.050 | 0.050 | 0.050 |
| b | 0.030 | 0.040 | 0.040 | 0.040 | 0.040 | 0.050 | 0.050 | 0.050 | 0.050 | 0.050 |
| c | 0.015 | 0.015 | 0.018 | 0.018 | 0.018 | 0.018 | 0.021 | 0.021 | 0.021 | 0.021 |
| t | 3 | 3 | 4.5 | 4.5 | 4.5 | 6 | 6 | 6 | 7.5 | 7.5 |
| T | 38 | 48 | 56 | 67 | 90 | 110 | 124 | 135 | 156 | 177 |

4）驱动电动机拆装

单元型 CSF/CSG–2UH 系列谐波减速器的谐波发生器输入轴使用的是键连接，驱动电动机的安装如图 7–45 所示。

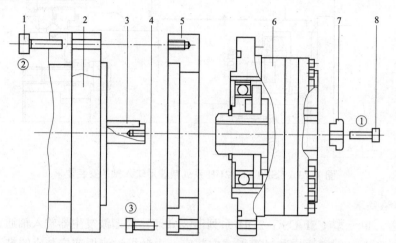

图 7–45　CSF/CSG–2UH 系列谐波减速器的驱动电动机安装

1，4，8—螺钉；2—驱动电动机；3—键；5—过渡板或安装座；6—减速器；7—定位块

为了避免轴向窜动，驱动电动机的输出轴端，需要安装图 7–45 所示的轴向定位块 7；定位块应通过连接螺钉 8 固定在电动机输出轴上。因此，在需要拆下驱动电动机或减速器，进行检测、维修时，如驱动电动机的安装面大于减速器的安装面，应按照以下步骤进行。

（1）从减速器的输出侧内孔中，取下定位块固定螺钉 8，将定位块 7 从驱动电动机输出轴端取出。

（2）取下驱动电动机的安装螺钉 1，取出驱动电动机。

（3）取下过渡板或安装座 5 上的减速器固定螺钉 4，取下减速器。

驱动电动机和减速器安装的步骤与上述步骤相反。

如驱动电动机的安装面小于减速器的安装面，则可按图 7–46 所示的步骤①、②、③，依次取下驱动电动机和减速器；安装时按步骤③、②、①进行。

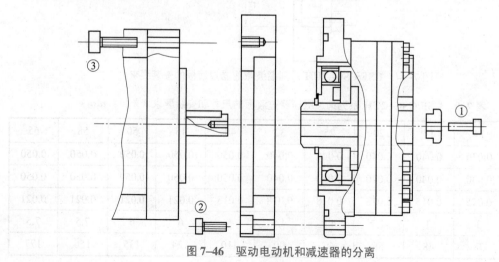

图 7–46　驱动电动机和减速器的分离

5）润滑要求

单元型谐波减速器为整体单元结构，产品出厂时已填充润滑脂，用户首次使用时无须填充润滑脂。减速器长期使用时，可以根据减速器或机器人生产厂家的要求，定期补充润滑脂，润滑脂型号的选用、注入量、补充时间应按照生产厂家的要求进行。此外，为了防止谐波发生器高速运转时润滑脂飞溅，CSF/CSG–2UH 系列减速器的安装座上一般都设计有图 7–47 所示的防溅挡板，防溅挡板的尺寸如表 7–10 所示，减速器维护时应保证防溅区内部的清洁。

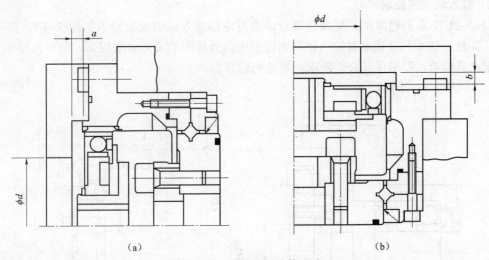

（a）　　　　　　　　　　　　　　　　（b）

图 7–47　防溅挡板推荐尺寸

（a）水平安装；（b）向上安装

表 7–10　CSF/CSG–2UH 系列减速器的防溅挡板的尺寸（单位：mm）

| 规格 | 14 | 17 | 20 | 25 | 32 | 40 | 45 | 50 | 58 | 65 |
|---|---|---|---|---|---|---|---|---|---|---|
| a（水平或向下安装） | 1 | 1 | 1.5 | 1.5 | 1.5 | 2 | 2 | 2 | 2.5 | 2.5 |
| b（向上安装） | 3 | 3 | 4.5 | 4.5 | 4.5 | 6 | 6 | 6 | 7.5 | 7.5 |
| d | 16 | 26 | 30 | 37 | 37 | 45 | 45 | 45 | 56 | 62 |

**2. CSD–2UH 系列超薄型减速器的安装与维护**

1）减速器安装要求

CSD–2UH 系列超薄单元型减速器的安装要求如表 7–11 所示。由于减速器的特殊结构，它对壳体外圆、输出轴连接端面的公差要求很高，减速器更换或重新安装时，要认真检查，严格保证其安装要求。

表 7–11　CSD–2UH 系列减速器的安装要求（单位：mm）

| 规格 | 14 | 17 | 20 | 25 | 32 | 40 | 50 |
|---|---|---|---|---|---|---|---|
| a | 0.010 | 0.010 | 0.010 | 0.015 | 0.015 | 0.015 | 0.018 |
| b | 0.010 | 0.012 | 0.012 | 0.013 | 0.013 | 0.015 | 0.015 |

续表

| 规格 | 14 | 17 | 20 | 25 | 32 | 40 | 50 |
|---|---|---|---|---|---|---|---|
| c | 0.007 | 0.007 | 0.007 | 0.007 | 0.007 | 0.007 | 0.007 |
| d | 0.010 | 0.010 | 0.010 | 0.010 | 0.010 | 0.015 | 0.015 |
| e | 0.025 | 0.025 | 0.025 | 0.035 | 0.037 | 0.037 | 0.040 |

2）输入轴安装要求

CSD–2UH 系列超薄单元型减速器对谐波发生器输入轴的安装要求如图 7–48、表 7–12 所示。同样，该系列减速器对输入轴和谐波发生器连接面的公差要求很高，更换或重新安装时，要认真检查，严格保证公差要求，避免两者倾斜。

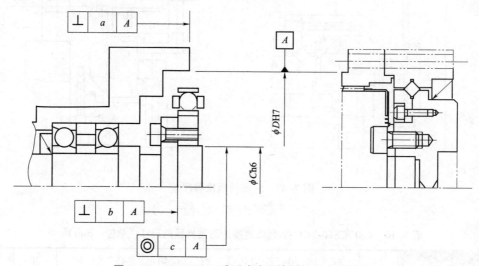

图 7–48  CSD–2UH 系列减速器输入轴的安装要求

表 7–12  CSD–2UH 系列减速器支承件和连接件的公差要求（单位：mm）

| 规格 | 14 | 17 | 20 | 25 | 32 | 40 | 50 |
|---|---|---|---|---|---|---|---|
| a | 0.011 | 0.015 | 0.017 | 0.024 | 0.026 | 0.026 | 0.028 |
| b | 0.008 | 0.010 | 0.012 | 0.012 | 0.012 | 0.012 | 0.015 |
| c | 0.016 | 0.018 | 0.019 | 0.022 | 0.022 | 0.024 | 0.030 |

3）润滑要求

单元型谐波减速器为整体单元结构，产品出厂时内部已填充润滑脂，用户首次使用时无须填充润滑脂。减速器长期使用时，可以根据减速器或机器人生产厂家的要求，定期补充润滑脂，润滑脂型号的选用、注入量、补充时间，应按照生产厂家的要求进行。为了防止谐波发生器高速运转时润滑脂飞溅，CSD–2UH 系列减速器的安装座上一般都设计有图 7–49 所示的防溅挡板。防溅挡板的尺寸如表 7–13 所示，减速器维护时应保证防溅区内部的清洁。

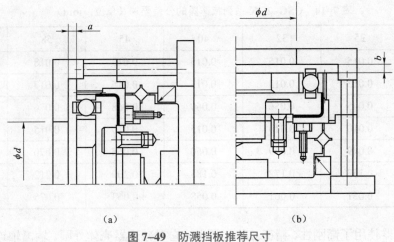

（a）

（b）

**图 7-49　防溅挡板推荐尺寸**

（a）水平安装；（b）向下安装

表 7-13　CSD-2UH 系列减速器防溅挡板的尺寸（单位：mm）

| 规　　格 | 14 | 17 | 20 | 25 | 32 | 40 | 50 |
|---|---|---|---|---|---|---|---|
| a（水平或向下安装） | 1 | 1 | 1.5 | 1.5 | 1.5 | 2.5 | 3.5 |
| b（向上安装） | 3 | 3 | 4.5 | 4.5 | 4.5 | 7.5 | 10.5 |
| d | 16 | 26 | 30 | 37 | 37 | 45 | 45 |

### 3. CSG-2UK 系列密封性减速器的安装与维护

**1）减速器安装要求**

CSG-2UK 系列密封单元型谐波减速器对支撑面的公差要求如图 7-50、表 7-14 所示。

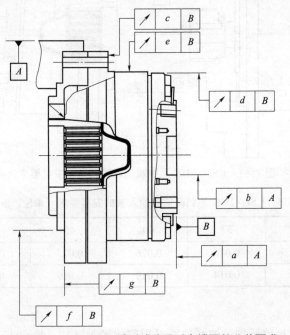

**图 7-50　CSG-2UK 系列减速器对支撑面的公差要求**

表 7-14　CSG-2UK 系列减速器的公差要求（单位：mm）

| 规格 | 25 | 32 | 40 | 45 | 58 | 65 |
|---|---|---|---|---|---|---|
| *a* | 0.015 | 0.015 | 0.015 | 0.018 | 0.018 | 0.018 |
| *b* | 0.013 | 0.013 | 0.015 | 0.015 | 0.017 | 0.017 |
| *c* | 0.045 | 0.056 | 0.060 | 0.068 | 0.076 | 0.085 |
| *d* | 0.010 | 0.010 | 0.015 | 0.015 | 0.015 | 0.015 |
| *e* | 0.049 | 0.049 | 0.060 | 0.065 | 0.070 | 0.075 |
| *f* | 0.157 | 0.172 | 0.185 | 0.200 | 0.212 | 0.218 |
| *g* | 0.051 | 0.061 | 0.058 | 0.063 | 0.075 | 0.096 |

由于减速器使用了高刚性、精密 CRB，因此，它对减速器壳体外圆、输出轴连接端面（基准面 *B*）、输出轴定位孔的公差要求较高，减速器更换或重新安装时，要严格检查，并保证其公差要求，防止减速器的倾斜。

2）输入轴安装要求

CSG-2UK 系列密封单元型谐波减速器对输入轴的安装要求如图 7-51、表 7-15 所示。减速器更换或重新安装时，要检查并保证谐波发生器输入轴和减速器输入法兰定位基准面的公差要求，避免两者间出现不同轴或倾斜现象。

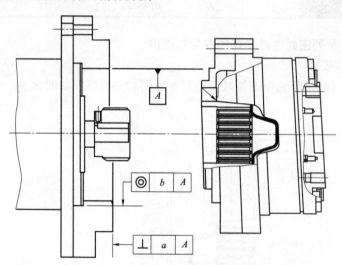

图 7-51　CSG-2UK 系列减速器输入轴的安装要求

表 7-15　CSG-2UK 系列减速器输入轴的安装要求（单位：mm）

| 规格 | 25 | 32 | 40 | 45 | 58 | 65 |
|---|---|---|---|---|---|---|
| *a* | 0.024 | 0.026 | 0.026 | 0.027 | 0.031 | 0.034 |
| *b* | 0.014 | 0.014 | 0.019 | 0.019 | 0.019 | 0.019 |

3）润滑要求

CSG-2UK 系列密封单元型谐波减速器采用整体密封结构，并设计有专门的充脂孔；产品出厂时已填充润滑脂，首次使用时用户无须填充润滑脂。减速器长期使用时，可以根据减速器或机器人生产厂家的要求，定期补充润滑脂，润滑脂型号的选用、注入量、补充时间，应按照生产厂家的要求进行。

## 任务3　工业机器人简易单元型谐波减速器的安装与维护

**1. 简易单元型标准减速器的安装要求**

简易单元型标准减速器和中空轴简易单元型减速器的安装要求相同，4 个系列减速器均可采用柔轮固定或刚轮固定两种安装方式。减速器的安装要求如图 7-52、表 7-16 所示。减速器更换或重新安装时，要检查并保证其公差要求。

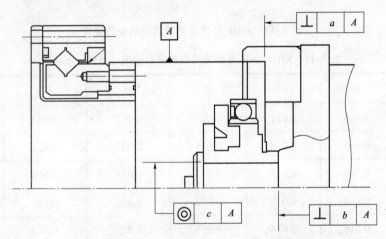

图 7-52　SHF/SHG-2SO/2SH 系列减速器的安装要求

表 7-16　SHF/SHG-2SO/2SH 系列减速器安装要求（单位：mm）

| 规格 | 14 | 17 | 20 | 25 | 32 | 40 | 45 | 50 | 58 |
|---|---|---|---|---|---|---|---|---|---|
| a | 0.011 | 0.015 | 0.017 | 0.024 | 0.026 | 0.026 | 0.027 | 0.028 | 0.031 |
| b | 0.017 | 0.020 | 0.020 | 0.024 | 0.024 | 0.024 | 0.032 | 0.032 | 0.032 |
| c | 0.030 | 0.034 | 0.044 | 0.047 | 0.047 | 0.050 | 0.063 | 0.066 | 0.068 |

安装减速器时，还需要检查减速器外圆、减速器输入/输出轴连接端面对安装座的公差。

**2. 中空轴超薄简易单元型减速器的安装要求**

SHD-2SH 系列中空轴超薄简易单元型减速器可采用柔轮固定或刚轮固定两种安装方式，为了保证减速器的精度与可靠性，减速器的安装公差同样可参照 CSD-2UH 系列超薄单元型减速器进行；减速器的安装要求如图 7-53、表 7-17 所示。减速器对谐波发生器连接轴的法兰定位面的垂直度要求很高，更换或重新安装减速器时，要重点检查并严格保证其公差要求。

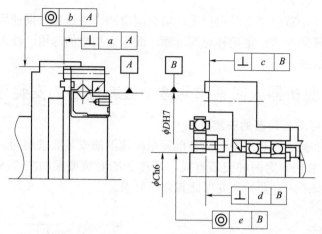

图 7–53　SHD–2SH 系列减速器的安装要求

表 7–17　SHD–2SH 系列减速器的安装要求（单位：mm）

| 规格 | 14 | 17 | 20 | 25 | 32 | 40 |
|---|---|---|---|---|---|---|
| *a* | 0.016 | 0.021 | 0.027 | 0.035 | 0.042 | 0.048 |
| *b* | 0.015 | 0.018 | 0.019 | 0.022 | 0.022 | 0.024 |
| *c* | 0.011 | 0.012 | 0.013 | 0.014 | 0.016 | 0.016 |
| *d* | 0.008 | 0.010 | 0.012 | 0.012 | 0.012 | 0.012 |
| *e* | 0.016 | 0.018 | 0.019 | 0.022 | 0.022 | 0.024 |

同样，安装减速器时，需要检查减速器外圆、减速器输入/输出轴连接端面对安装座的公差，为保证减速器的传动精度与使用性能，减速器安装公差可参照 CSD–2UH 系列超薄单元型减速器进行。

**3. 谐波发生器的安装**

SHF/SHG–2SO、SHF/SHG/SHD–2SH 简易单元型减速器的谐波发生器需要用户（机器人生产厂家）安装，它一般与驱动电动机输出轴或同步带轮、齿轮轴连接。进行减速器安装、维护、更换时，一般需要将其从减速器单元中分离。

与部件型减速器一样，简易单元型减速器的柔轮虽为大直径、中空开口结构，但柔轮根部的变形十分困难，因此，进行谐波发生器装配时，要注意安装方向，禁止出现图 7–54 所示的谐波发生器反向装入柔轮的现象。

**4. 润滑要求**

采用润滑脂润滑的 SHF/SHG–2SO、SHF/SHG/SHD–2SH 系列标准谐波减速器的润滑要求如图 7–55 所示。

减速器使用时要按照图 7–55（a）所示的要求填充润滑脂。润滑脂的补充和更换时间与减速器的实际工作转速、环境温度有关，实际工作转速、环境温度越高，补充和更换润滑脂的周期就越短。减速器使用时，必须定期检查润滑情况，润滑脂型号的选用、注入量、补充

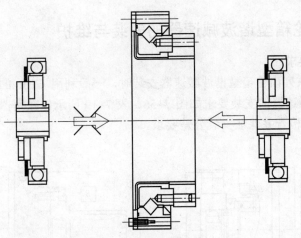

图 7–54　谐波发生器反向装入柔轮

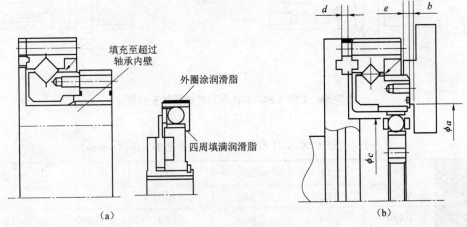

（a）　　　　　　　　　　　　　　　　　（b）

图 7–55　减速器的润滑要求

（a）润滑脂填充；（b）防溅挡板

时间，应按照生产厂家的要求进行。

　　为了防止谐波发生器高速运转时的润滑脂飞溅，简易单元型减速器的安装座上一般都设计有图 7–55（b）所示的防溅挡板，防溅挡板的尺寸通常如表 7–18 所示，减速器维护时应保证防溅区内部的清洁。

表 7–18　CSD–2UF 系列减速器防溅挡板的尺寸（单位：mm）

| 规格 | 14 | 17 | 20 | 25 | 32 | 40 |
|---|---|---|---|---|---|---|
| $a$ | 36.5 | 45 | 53 | 66 | 66 | 106 |
| $b$ | 1 | 1 | 1.5 | 1.5 | 2 | 2.5 |
| $c$ | 31 | 38 | 45 | 56 | 73 | 90 |
| $d$ | 1.4 | 1.8 | 1.7 | 1.8 | 1.8 | 1.8 |
| $e$ | 1.5 | 1.5 | 1.5 | 1.5 | 3.3 | 4 |

### 任务 4 齿轮箱型谐波减速器的安装与维护

**1. 减速器安装要求**

CSF/CSG–GH 系列齿轮箱型谐波减速器安装时，一般利用 CBR 的外围作为定位基准。CSF/CSG–GH 系列减速器的安装要求如图 7–56、表 7–19 所示，减速器维修、更换后，需要进行重新安装时，要检查并保证安装公差要求。

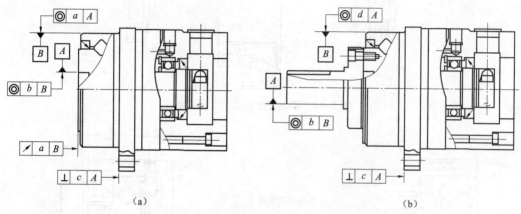

（a） （b）

**图 7–56 CSF/CSG–GH 系列减速器的安装要求**

（a）法兰连接型；（b）轴连接型

**表 7–19 CSF/CSG–GH 系列减速器的安装要求（单位：mm）**

| 规格 | 11 | 14 | 20 | 32 | 45 | 65 |
|---|---|---|---|---|---|---|
| a | 0.020 | 0.020 | 0.020 | 0.020 | 0.020 | 0.020 |
| b | 0.030 | 0.040 | 0.040 | 0.040 | 0.040 | 0.040 |
| c | 0.050 | 0.060 | 0.060 | 0.060 | 0.060 | 0.060 |
| d | 0.040 | 0.050 | 0.050 | 0.050 | 0.050 | 0.050 |

齿轮箱型谐波减速器的结构刚性好，对安装精度的要求较低，减速器重新安装或更换时，主要需要检查减速器输出轴或输出轴连接法兰的公差，安装时要保证定位孔和定位面的平整、清洁，防止异物卡住和失圆。

**2. 电动机安装**

CSF/CSG–GH 系列齿轮箱型谐波减速器驱动电动机的安装步骤如图 7–57 所示，具体安装步骤如下：

① 取下装拆孔上的盖帽。

② 旋转减速器的谐波发生器，使得联轴器上弹性夹头的锁紧螺钉对准装拆孔。

③ 将电动机装入减速器电动机安装座、电动机轴插入联轴器的弹性夹头中。

④ 固定电动机安装螺钉。

⑤ 利用扭力扳手拧紧联轴器弹性夹头锁紧螺钉、夹紧电动机轴。不同规格的锁紧螺钉，其拧紧转矩如表 7–20 所示。

表 7-20　联轴器锁紧螺钉的拧紧转矩

| 螺钉规格 | M3 | M4 | M5 | M6 | M8 | M10 | M12 |
|---|---|---|---|---|---|---|---|
| 转矩/（N·m） | 2 | 4.5 | 9 | 15.3 | 37.2 | 73.5 | 128 |

（6）安装装拆孔上的盖帽。

如果维护时仅仅需要进行驱动电动机检测或更换，可参照上述相反的步骤，将电动机从减速器上取出。

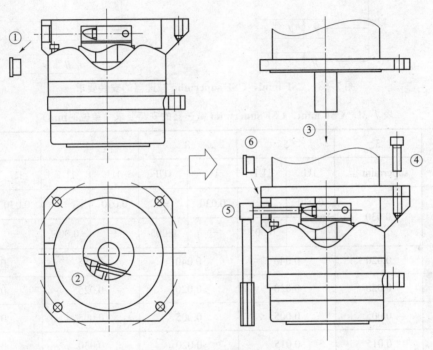

图 7-57　驱动电机的安装步骤

由于驱动电动机本身的定位法兰、输出轴精度已在电动机出厂时保证，安装时只需要保证减速器定位孔和定位面的平整、清洁，防止异物卡入和失圆，便可满足要求。

**3. 使用与维护**

CSF/CSG-GH 系列齿轮箱型谐波减速器为整体完全密封结构，减速器的结构刚性和密封性已经满足正常使用的要求。减速器在产品出厂时内部已填充润滑脂，在规定的使用时间内，不需要填充润滑脂。

## 任务 5　微型减速器的安装与维护

**1. 减速器安装要求**

CSF mini、CSF supermini 谐波减速器安装时，一般需要以输出侧的法兰作为定位基准，减速器的安装要求如图 7-58、表 7-21 所示。微型减速器对输出法兰端面的安装公差要求很高，减速器重新安装时，要认真检查并严格保证安装公差要求，防止减速器倾斜。

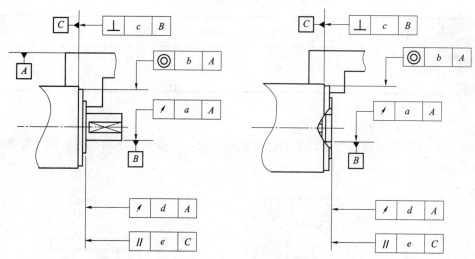

图 7–58 CSF mini、CSF supermini 减速器的安装要求

表 7–21 CSF mini、CSF supermini 减速器的安装要求（单位：mm）

| 规格 | 3 | 5 | | 8 | | 11 | | 14 | |
|---|---|---|---|---|---|---|---|---|---|
| | supermini 型 | 1U | 1UF | 1U | 1UF | 1U | 1UF | 1U | 1UF |
| *a* | 0.030 | 0.030 | — | 0.030 | — | 0.030 | — | 0.030 | — |
| | | — | 0.005 | — | 0.005 | — | 0.005 | — | 0.005 |
| *b* | 0.020 | 0.040 | | 0.040 | | 0.055 | | 0.055 | |
| *c* | 0.020 | 0.020 | | 0.020 | | 0.025 | | 0.025 | |
| *d* | 0.005 | 0.005 | | 0.005 | | 0.005 | | 0.005 | |
| *e* | 0.015 | 0.015 | | 0.020 | | 0.030 | | 0.030 | |

**2. 输入轴连接要求**

CSF mini、CSF supermini 谐波减速器对输入轴的连接要求如图 7–59、表 7–22 所示，减速器更换或重新安装时，要检查输入轴与减速器安装定位面的同轴度、垂直度，并保证公差要求，避免两者倾斜。

表 7–22 CSF mini、CSF supermini 减速器对输入轴的连接要求（单位：mm）

| 规格 | 3（supermini） | 5 | 8 | 11 | 14 |
|---|---|---|---|---|---|
| *a* | 0.006 | 0.008 | 0.010 | 0.011 | 0.011 |
| *b* | 0.004 | 0.005 | 0.012 | 0.012 | 0.017 |
| *c* | 0.004 | 0.005 | 0.015 | 0.015 | 0.030 |

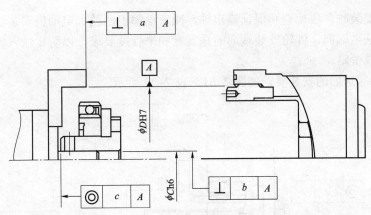

图 7–59　CSF mini、CSF supermini 减速器对输入轴的连接要求

**3. 使用与维护**

CSF mini、CSF supermini 谐波减速器为整体密封结构，减速器的结构刚性和密封性均已经满足正常使用的要求。减速器在产品出厂时内部已填充润滑脂，在规定的使用时间内，不需要充填润滑脂。

# 任务 6　RV 基本型减速器的安装与维护

**1. 减速器的安装要求**

RV 基本型减速器无输出轴承和壳体，因此，减速器使用时，必须根据实际传动系统的结构和承受的载荷情况，由机器人生产厂家在针轮和输出轴之间，安装 1 对图 7–60（a）所示的、能承受径向载荷或能同时承受径向及双向轴向载荷、可驱动负载的高精度、高刚性球轴承；或者安装 1 对图 7–60（b）所示的 CRB。

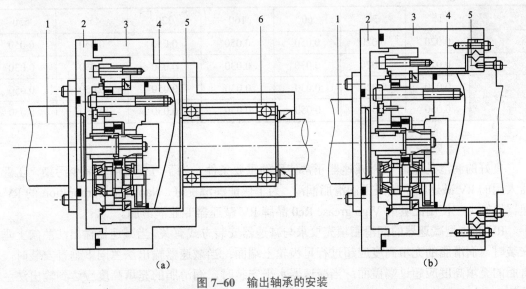

（a）　　　　　　　　　　　　　　　　　（b）

图 7–60　输出轴承的安装

1—驱动电动机；2—电动机安装板；3—针轮安装座；4—输出轴；5，6—输出轴承

RV 基本型减速器的输入轴、针轮、输出轴均需要用户安装和连接。当减速器更换或维护

后，需要重新安装时，应检查和保证输出轴、减速器输出法兰、电动机安装法兰之间的同轴度，以及输出法兰端面、针轮安装端面的垂直度和平行度要求，以防止输入轴、减速器和输出轴的不同轴或歪斜。

RV 基本型减速器的安装要求如图 7-61、表 7-23 所示。

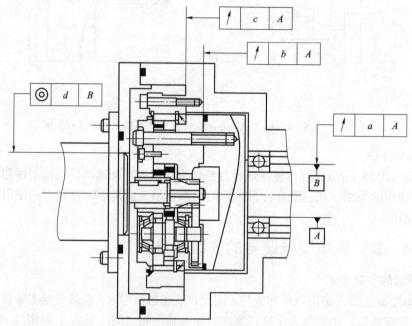

图 7-61　RV 基本型减速器的安装要求

表 7-23　RV 基本型减速器的安装要求（单位：mm）

| 规格 | 15 | 30 | 60 | 160 | 320 | 450 | 550 |
|---|---|---|---|---|---|---|---|
| *a* | 0.020 | 0.020 | 0.050 | 0.050 | 0.050 | 0.050 | 0.050 |
| *b* | 0.020 | 0.020 | 0.030 | 0.030 | 0.030 | 0.030 | 0.030 |
| *c* | 0.020 | 0.020 | 0.030 | 0.030 | 0.050 | 0.050 | 0.050 |
| *d* | 0.050 | 0.050 | 0.050 | 0.050 | 0.050 | 0.050 | 0.050 |

**2.** 润滑要求

良好的润滑是保证 RV 减速器正常使用的重要条件，为了方便使用、减少污染，工业机器人用的 RV 减速器一般采用润滑脂润滑。为了保证润滑良好，Nabtesco Corporation 的 RV 减速器原则上应使用配套的 Vigo grease Re0 品牌 RV 减速器专业润滑脂。

RV 基本型减速器的润滑脂填充要求与减速器安装方式有关。当减速器输出法兰向上垂直安装时，润滑脂的充填高度应超过行星齿轮上端面；当减速器输出法兰向下垂直安装时，润滑脂的充填高度应超过端盖面；当减速器水平安装时，润滑脂的充填高度应达到输出法兰直径的 3/4 左右。

润滑脂的补充和更换时间与减速器的实际工作转速、环境温度有关，实际工作转速、环境温度越高，补充和更换润滑脂的周期就越短。在正常情况下，Nabtesco Corporation 生产的

RV 减速器的润滑脂更换周期为 20 000 h，但是，如果减速器在温度高于 40℃、工作转速较高或者污染严重的环境下工作时，需要缩短更换周期。

　　RV 减速器的润滑脂型号的选用、注入量和补充时间，通常在机器人生产厂家的说明书上已经有明确的规定，用户应按照生产厂家的要求进行。

# 7.5　考 核 评 价

### 考核任务 1　熟练掌握工业机器人减速器的类型及原理

　　要求：了解工业机器人常用谐波减速器分类；熟练掌握工业机器人本体的谐波减速器的内部结构和工作原理；了解如何根据要求进行谐波减速器的选型；能结合实践项目进行现场安装、调试和日常维护任务；能用专业语言正确流利地描述配置基本的步骤，思路清晰、有条理；能圆满回答老师与同学提出的问题，并能提出一些新的建议。

### 考核任务 2　熟练掌握各种谐波减速器的安装与维护

　　要求：了解工业机器人常用谐波减速器的各种类型的内部结构；熟练掌握工业机器人本体的谐波减速器的拆卸与安装；掌握谐波减速器的维护方法；能结合实践项目进行现场安装、调试和日常维护任务；能用专业语言正确流利地描述配置基本的步骤，思路清晰、有条理；能圆满回答老师与同学提出的问题，并能提出一些新的建议。

### 考核任务 3　熟练掌握各种 RV 减速器的安装与维护

　　要求：了解工业机器人常用 RV 减速器的各种类型的内部结构及选项方式；熟练掌握工业机器人本体的 RV 减速器的拆卸与安装；掌握 RV 减速器的维护方法；能结合实践项目进行现场安装、调试和日常维护任务；能用专业语言正确流利地描述配置基本的步骤，思路清晰、有条理；能圆满回答老师与同学提出的问题，并能提出一些新的建议。

# 附录 1

## ABB 工业机器人的日常维护保养

**1. ABB 工业机器人本体保养**

1）ABB 机器人维护保养周期

机器人由机械手和控制柜组成，必须有规律地对它们进行维护保养，以确保其正常工作，附表 1-1 所示为 ABB 工业机器人维护保养周期。

附表 1-1  ABB 工业机器人维护保养周期

| 维护类型 | 设　备 | 周期 | 注意 | 关键词 |
|---|---|---|---|---|
| 检查 | 轴 1 的齿轮，油位 | 12 个月 | 环境温度<50℃ | 检查，油位，变速箱 1 |
| 检查 | 轴 2 的齿轮，油位 | 12 个月 | 环境温度<50℃ | 检查，油位，变速箱 2 |
| 检查 | 轴 3 的齿轮，油位 | 12 个月 | 环境温度<50℃ | 检查，油位，变速箱 3 |
| 检查 | 轴 4 的齿轮，油位 | 12 个月 | | 检查，油位，变速箱 4 |
| 检查 | 轴 5 的齿轮，油位 | 12 个月 | | 检查，油位，变速箱 5 |
| 检查 | 轴 6 的齿轮，油位 | 12 个月 | 环境温度<50℃ | 检查，油位，变速箱 6 |
| 检查 | 平衡设备 | 12 个月 | 环境温度<50℃ | 检查，平衡设备 |
| 检查 | 机械手电缆 | 12 个月 | | 检查动力电缆 |
| 检查 | 轴 2~5 的节气阀 | 12 个月 | | 检查轴 2~5 的节气阀 |
| 检查 | 轴 1 的机械制动 | 12 个月 | | 检查轴 1 的机械制动 |
| 更换 | 轴 1 的齿轮油 | 48 个月 | 环境温度<50℃ | 更换，变速箱 1 |
| 更换 | 轴 2 的齿轮油 | 48 个月 | 环境温度<50℃ | 更换，变速箱 2 |
| 更换 | 轴 3 的齿轮油 | 48 个月 | 环境温度<50℃ | 更换，变速箱 3 |
| 更换 | 轴 4 的齿轮油 | 48 个月 | 环境温度<50℃ | 更换，变速箱 4 |

| 维护类型 | 设　备 | 周期 | 注意 | 关键词 |
|---|---|---|---|---|
| 更换 | 轴 5 的齿轮油 | 48 个月 | 环境温度＜50℃ | 更换，变速箱 5 |
| 更换 | 轴 6 的齿轮油 | 48 个月 | 环境温度＜50℃ | 更换，变速箱 6 |
| 更换 | 轴 1 的齿轮 | 96 个月 | | |
| 更换 | 轴 2 的齿轮 | 96 个月 | | |
| 更换 | 轴 3 的齿轮 | 96 个月 | | |
| 更换 | 轴 4 的齿轮 | 96 个月 | | |
| 更换 | 轴 5 的齿轮 | 96 个月 | | |
| 更换 | 机械手动力电缆 | 检测到破损或使用寿命到的时候更换 | | |
| 更换 | SMB 电池 | 36 个月 | | |
| 润滑 | 平衡设备轴承 | 48 个月 | | |

注：① 如果机器人工作的环境温度高于 50 ℃，则需要保养更频繁一点。

② 轴 4 和轴 5 的变速箱的维护周期不是由 SIS 计算出来的。

2）ABB 机器人维护计划表

附表 1-2 所示为一些普通元件的保养计划。其他一些外部设备的维护将在另外的文件中说明。

附表 1-2　普通元件的保养计划

| 维护类型 | 设　备 | 周期 | 注意 | 关键词 |
|---|---|---|---|---|
| 检查 | UL 灯 | | | 检查 UL 灯 |
| 检查 | 轴 1～3 的机械制动 | 12 个月 | | 检查轴 1～3 的机械制动 |
| 检查 | 轴 1～3 的限位开关 | 12 个月 | | 检查轴 1～3 的限位开关 |

3）ABB 机器人各部件的预期寿命。

由于工作强度的不同，工业机器人各部件的预期寿命也会有很大的不同。

（1）机械手动力电缆。机械手动力电缆的寿命约 2 000 000 个循环，1 个循环表示每个轴从标准位置到最小角度再到最大角度然后回到标准位置。如果离开这个循环，则寿命会不一样。

（2）限位开关及风扇的电缆。限位开关及风扇的电缆的寿命约 2 000 000 个循环，1 个循环表示每个轴从标准位置到最小角度再到最大角度然后回到标准位置。如果离开个循环，则寿命会不一样。

（3）平衡设备。平衡设备的寿命约 2 000 000 个循环，而这里 1 个循环表示从初始位置到最大位置然后回来，如果离开这个循环，则寿命会不一样。

（4）变速箱。40 000 小时正常条件下点焊，机器人定义年限为 8 年（350 000 个循环每年）。鉴于实际工作的不同，也许每个变速箱的寿命会和标准定义的不一样。SIS（Service Information System）会保存各个变速箱的运行轨迹，如果需要维护的时候，会通知用户。

**2. ABB 机器人控制柜的维护**

1）ABB 机器人控制柜保养计划表

附表 1-3 所示为 IRC5 机器人控制柜必须有计划的经常保养，以便其正常工作。

附表 1-3　IRC5 机器人控制柜的保养计划表

| 保养内容 | 设　备 | 周　期 | 说　明 |
|---|---|---|---|
| 检查 | 控制柜 | 6 个月 | |
| 清洁 | 控制柜 | | |
| 清洁 | 空气过滤器 | | |
| 更换 | 空气过滤器 | 4 000 小时/24 个月 | |
| 更换 | 电池 | 12 000 小时/36 个月 | |
| 更换 | 电池 | 60 个月 | |

注：小时表示运行时间，而月份表示实际的日历时间。

2）ABB 机器人控制柜的检查

在维修控制柜或连接到控制柜上的其他单元之前，需注意以下几点：

（1）断掉控制柜的所有供电电源；

（2）控制柜或连接到控制柜的其他单元内部很多元件都对静电很敏感，如果受静电影响，有可能损坏；

（3）在操作时，请一定要带上一个接地的静电防护装置，如特殊的静电手套等，有的模块或元件装了静电保护扣用来连接保护手套。

附表 1-4 所示为 ABB IRC5 机器人控制柜的检查事项。

附表 1-4　ABB IRC5 控制柜的检查事项

| 步骤 | 操　作 | 说　明 |
|---|---|---|
| 1 | 检查柜子里面，确定里面无杂质，如果发现杂质，请清除并检查柜子的衬垫和密封 | 更换密封不好了的密封层 |
| 2 | 检查柜子的密封结合处及电缆密封管的密封性，确保灰尘和杂质不会从这些地方吸入柜子里面 | |
| 3 | 检查插头及电缆连接的地方是否松动？电缆是否有破损 | |
| 4 | 检查空气过滤器是否干净 | |
| 5 | 检查风扇是否正常工作 | 更换有故障的风扇 |

3）ABB 机器人控制柜的清洁

在清洁控制柜或连接到控制柜上的其他单元之前，应注意以下几点：

① 断掉控制柜的所有供电电源。

② 控制柜或连接到控制柜的其他单元内部很多元件都对静电很敏感，如果受静电影响，有可能损坏。

③ 在操作时，请一定要带上一个接地的静电防护装置，如特殊的静电手套等，有的模块或元件装了静电保护扣用来连接保护手套。

（1）所需设备。

附表 1-5 所示为 ABB IRC5 机器人控制柜的清洁设备。

附表 1-5　ABB IRC5 机器人控制柜的清洁设备

| 设备 | 说　明 |
|---|---|
| 真空吸尘器 | |
| 一般清洁器具 | 如果可以，可以用抹布沾酒精水清洁外部柜体 |

（2）内部清洁。

附表 1-6 所示为 ABB IRC5 控制柜内部清洁步骤。

附表 1-6　ABB IRC5 控制柜内部清洁步骤

| 步骤 | 操　作 | 说　明 |
|---|---|---|
| 1 | 用真空吸尘器清洁柜子内部 | |
| 2 | 如果柜子里面装有热交换装置，需保持其清洁，这些装置通常在：<br>＊供电电源后面；<br>＊计算机模块后面；<br>＊驱动单元 | 如果需要，可以先移开这些热交换装置，然后再清洁柜子 |

清洗控制柜前的注意事项：

① 尽量使用上面介绍的工具清洗，否则容易造成一些额外的问题；

② 清洁前检查保护盖或者其他保护层是否完好；

③ 在清洗前，不要移开任何盖子或保护装置；

④ 不要使用指定以外的清洁用品，如压缩空气及溶剂等；

⑤ 不要用高压的清洁器喷射。

**3. 清洁空气过滤器**

附表 1-7 所示为 ABB IRC5 控制柜空气过滤器的清洁要求。

附表 1-7　ABB IRC5 控制柜空气过滤器的清洁要求

| 设备 | 说　明 |
|---|---|
| 清洁用品 | 水温 30～40 ℃，并加洗洁剂 |
| 压缩空气 | 吹灰 |

附表 1-8 所示为 ABB IRC5 控制柜空气过滤器的清洁步骤。

附表 1-8　ABB IRC5 控制柜空气过滤器的清洁步骤

| 步骤 | 操　作 |
| --- | --- |
| 1 | 清洗比较粗糙的一面（干净空气那面），再翻转 |
| 2 | 清洗 3～4 次 |
| 3 | 晾干过滤网 |
|  | 从面对干净空气那面用压缩空气吹干 |

# 附录 2

# ABB 工业机器人常见故障代码查询表

附表 2-1 所示为 ABB 工业机器人常见故障代码查询表。

附表 2-1　ABB 工业机器人常见故障代码查询表

| 报警编号 | 报警内容简要 | 实际可能原因 | 处理对策 |
|---|---|---|---|
| 10013 | 紧急停止状态 | 机器人急停被拍下，外部设备给予机器人急停编号 | 检查机器人急停，检查外部设备急停信号 |
| 10014 | 系统故障状态 | 程序或参数设备错误 | B 启动，如果无效。请尝试"I 启动"恢复到出厂设置（前提是有正常的备份） |
| | | 硬件故障 | 根据系统信息提示进行硬件的诊断与更换 |
| 10039 | SMB 内存不正常 | SMB 上数据和控制柜之间的数据不匹配 | 根据 SMB 上的数据更新控制柜的数据 |
| 10106 | 检修信息 | | |
| 10107 | | | |
| 10108 | | | |
| 10109 | | | |
| 10110 | | | |
| 10111 | | | |
| 10095 | 至少一项任务未选定 | 多任务处理时，至少有一个任务不能正常启动 | 所有任务正确设定，可在全功能快捷键处查看，之后再运行 |
| 10354 | 由于系统数据丢失，恢复被终止 | 上次关机时未正常保存数据 | P 启动，如果无效用备份做 RESTORE |

| 报警编号 | 报警内容简要 | 实际可能原因 | 处理对策 |
|---|---|---|---|
| 20032 | 转速计数器未更新 | 电池没电；上次非正常关机；SMB 板故障 | 找到各轴位置，更新转速计数器 |
| 20034 | SMB 内存不正常 | SMB 上数据和控制柜之间的数据不匹配 | 根据 SMB 上的数据更新控制柜数据 |
| 20081 | 不允许读命令 | 转速计数器未更新 | 找到各轴位置，更新转速计数器 |
| 20094 | 无法找到载荷名称 | 没有定义载荷 | 定义载荷 |
| 20095 | 无法找到工具名称 | 没有定义工具 | 定义工具 |
| 20106 | 备份路径 | 备份路径错误 | 检查备份路径，不可出现中文 |
| 20197 | 磁盘存储空间严重偏低 | 磁盘空间太小 | 检查是否有多个系统，检查是否有过多程序文件。删除不需要的文件 |
| 20201 | 限位开关已打开 | | |
| 20212 | 两个通道故障，运行链 | 运行链双通道未同时断开 | 检查接线、继电器、外部设备信号。双通道要求同时断开 |
| 20600 | 非正式的 ROBOTWARE 版本 | 系统为测试版本 | 重新安装系统 |
| 34402 | 直流链路电压过低 | 直流链路电压过低，瞬间压降过大 | 工厂瞬间压降过大，建议在电源输入端增加稳压器 |
| 37001 | 电动机开启（ON）接触器启动错误 | ① 接触器线路松动；② 控制柜内部白色旋钮是否在正确的位置 | 检查线路和控制器左下角旋钮开关 |
| 39403 | 转矩回路电流不足 | 在搬动时卸下了电缆，再次连接时，把插头一支针扭曲了 | 把针恢复后，故障排除 |
| 39472 | 输入电源相位缺失 | 整流器检测到某一相位出现功率损失 | 检查接入电压是否过低、正确接线；更换电源板 |
| 39520 | 与驱动模块的通信中断 | 轴计算器故障 | 更换 |
| 39522 | 轴计算机未找到 | 轴计算机故障 | 更换 |
| 41439 | 未定义的载荷 | 载荷的重心偏移设置错误 | 重心偏移 X、Y、Z 数值不能同时为 0，正确定义重心偏移位置 |
| 50024 | 转角路径故障 | 最后一个移动指令转弯数据 ZONEDATA 未设为 FINE | 应设定最后一个移动指令转弯数据为 FINE |
| 50026 | 靠近奇异点 | 轴 5 在 0° 附近 | 读位置点的轴 5 角度尽量避开 0° |
| 50027 | 关节超出范围 | | |

续表

| 报警编号 | 报警内容简要 | 实际可能原因 | 处理对策 |
|---|---|---|---|
| 50028 | 微动控制方向错误 | | |
| 50041 | 机器人在奇异点上 | | |
| 50050 | 位置超出范围 | 在限点不正确的情况下移动机器人时发现 | 重新校准机械零点 |
| 50056 | 关节碰撞 | | |
| 50063 | 不确定的圆 | | |
| 50174 | WobJ 未连接 | 机器人 TCP 无法与工件协动 | 机器人跟踪参数与输送链速度不匹配，调整 adjustment Speed |
| 50315 | 转角路径故障 | 编程点太近而转弯半径设置得又比较大 | 减少不必要的点位，运动指令后面加"\CONC" |
| 50416 | 电动机温度警告 | 电动机温度过高 | 检查电动机刹车，优化程序 |
| 71058 | 与 I/O 单元通信失效 | ① 通信单元未供电；<br>② I/O 总线连接错误；<br>③ I/O 单元硬件故障 | 首先检查 I/O 单元供电，从电源分配板开始测量，检查总线连接 |
| 71058 | PROFIBUS 通信失效 | 发生故障的 ROBOTWARE 版本是 5.10.02 | 建议升级到最新的 RW |
| 71300 | DeviceNet 通信错误 | 未正常连接终端电阻 | 检查 Device Net 总线的终端电阻，大小为 120 Ω |

# 附录 3

# ABB 工业机器人电气连接图

**1. ABB IRB120 工业机器人本体电气连接图**（附图 3–1 至附图 3–5）

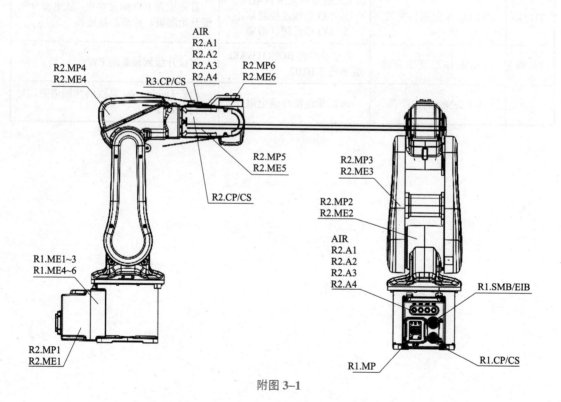

AIR
R2.A1
R2.A2
R2.A3
R2.A4

R2.MP4
R2.ME4

R3.CP/CS

R2.MP6
R2.ME6

R2.MP5
R2.ME5

R2.MP3
R2.ME3

R2.CP/CS

R2.MP2
R2.ME2

AIR
R2.A1
R2.A2
R2.A3
R2.A4

R1.ME1~3
R1.ME4~6

R1.SMB/EIB

R2.MP1
R2.ME1

R1.MP

R1.CP/CS

附图 3–1

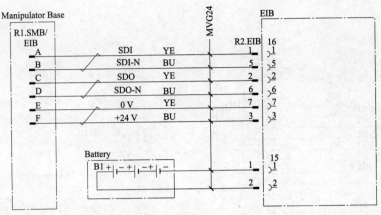

附图 3—2

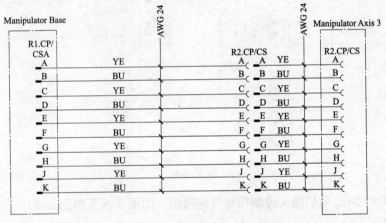

附图 3—3

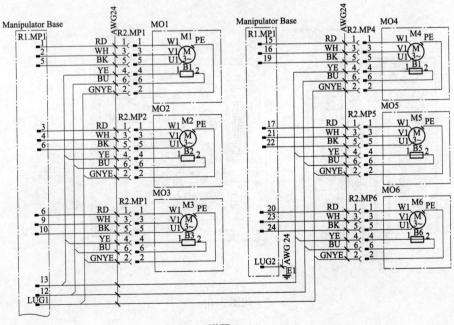

附图 3—4

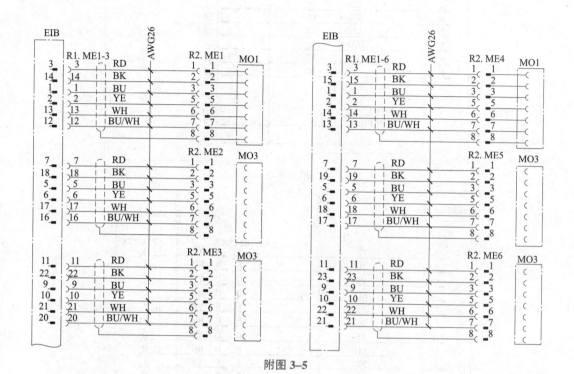

附图 3—5

## 2. ABB IRB120 工业机器人控制柜电气连接图（附图 3—6 至附图 3—9）

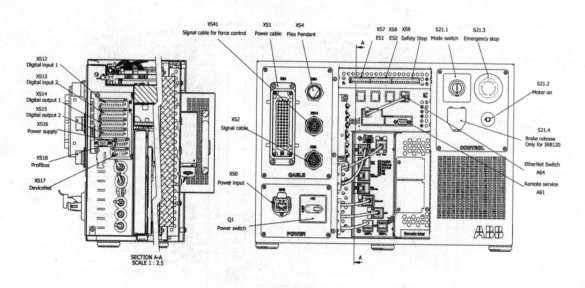

附图 3—6

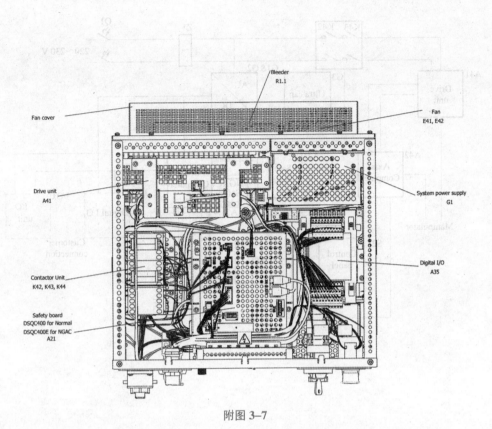

附图 3–7

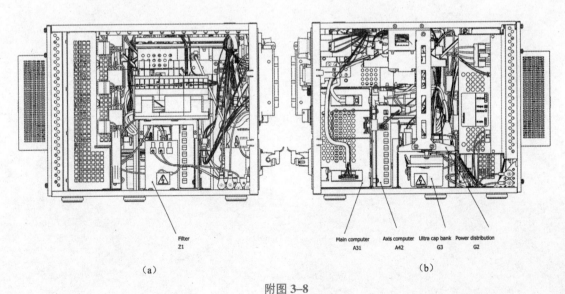

（a）　　　　　　　　　　　　　　　　（b）

附图 3–8

（a）左视图；（b）右视图

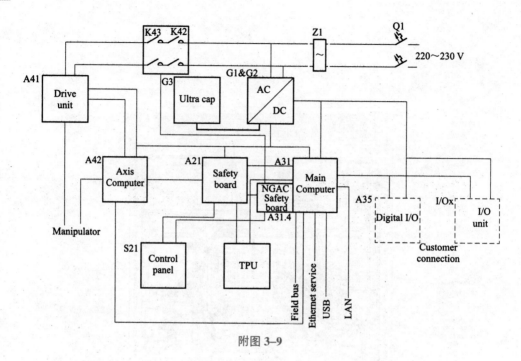

附图 3-9

# 附录 4

# KUKA 工业机器人的日常保养

KUKA 机器人由机械手和控制柜组成，每日保养包含机器人、控制箱、教导盒、手腕的表面擦拭，还有喷枪的清洁。

**1. KUKA 机器人控制柜保养**

（1）断掉控制柜的所有供电电源。

（2）检查主机板、存储板、计算板以及驱动板。

（3）检查柜子里面无杂物、灰尘等，查看密封性。

（4）检查接头是否松动、电缆是否松动或者破损的现象。

（5）检查风扇是否正常。

（6）检查程序存储电池。

（7）优化机器人控制柜硬盘空间，确保运转空间正常。

（8）检测示教器按键的有效性，急停回路是否正常，显示屏是否正常显示，触摸功能是否正常。

（9）检测机器人是否可以正常完成程序备份和重新导入功能。

（10）检查变压器以及保险丝。

**2. KUKA 机器人本体保养**

（1）检查各轴电缆、动力电缆与通信电缆。

（2）检查各轴运动状况。

（3）检查本体齿轮箱、手腕等是否有漏油、渗油现象。

（4）检查机器人零位。

（5）检查机器人电池。

（6）检查机器人各轴电动机与刹车。

（7）检查各轴润滑油。

（8）检查各轴限位挡块。

以 KUKA 点焊机器人为例，附表 4-1 所示为 KUKA 点焊机器人的维护周期。

附表 4-1　KUKA 点焊机器人的维护周期

| 维护类型 | 设　备 | 周期 | 注意 | 关　键　词 |
|---|---|---|---|---|
| 检查 | 轴 1 的齿轮，油位 | 12 个月 | 环境温度<50℃ | 检查，油位，变速箱 1 |
| 检查 | 轴 2 的齿轮，油位 | 12 个月 | 环境温度<50℃ | 检查，油位，变速箱 2 |
| 检查 | 轴 3 的齿轮，油位 | 12 个月 | 环境温度<50℃ | 检查，油位，变速箱 3 |
| 检查 | 轴 4 的齿轮，油位 | 12 个月 | | 检查，油位，变速箱 4 |
| 检查 | 轴 5 的齿轮，油位 | 12 个月 | | 检查，油位，变速箱 5 |
| 检查 | 轴 6 的齿轮，油位 | 12 个月 | 环境温度<50℃ | 检查，油位，变速箱 6 |
| 检查 | 平衡设备 | 12 个月 | 环境温度<50℃ | 检查，平衡设备 |
| 检查 | 机械手电缆 | 12 个月 | | 检查动力电缆 |
| 检查 | 轴 2~5 的节气阀 | 12 个月 | | 检查轴 2~5 的节气阀 |
| 检查 | 轴 1 的机械制动 | 12 个月 | | 检查轴 1 的机械制动 |
| 更换 | 轴 1 的齿轮油 | 48 个月 | 环境温度<50℃ | 更换，变速箱 1 |
| 更换 | 轴 2 的齿轮油 | 48 个月 | 环境温度<50℃ | 更换，变速箱 2 |
| 更换 | 轴 3 的齿轮油 | 48 个月 | 环境温度<50℃ | 更换，变速箱 3 |
| 更换 | 轴 4 的齿轮油 | 48 个月 | 环境温度<50℃ | 更换，变速箱 4 |
| 更换 | 轴 5 的齿轮油 | 48 个月 | 环境温度<50℃ | 更换，变速箱 5 |
| 更换 | 轴 6 的齿轮油 | 48 个月 | 环境温度<50℃ | 更换，变速箱 6 |
| 更换 | 轴 1 的齿轮 | 96 个月 | | |
| 更换 | 轴 2 的齿轮 | 96 个月 | | |
| 更换 | 轴 3 的齿轮 | 96 个月 | | |
| 更换 | 轴 4 的齿轮 | 96 个月 | | |
| 更换 | 轴 5 的齿轮 | 96 个月 | | |
| 更换 | 机械手动力电缆 | 检测到破损或使用寿命到的时候更换 | | |
| 更换 | SMB 电池 | 36 个月 | | |
| 润滑 | 平衡设备轴承 | 48 个月 | | |

# 附录 5

# KUKA 工业机器人 KRC4 控制柜电气框图

KUKA 工业机器人 KRC4 控制柜电气框图如附图 5-1 至附图 5-6 所示。

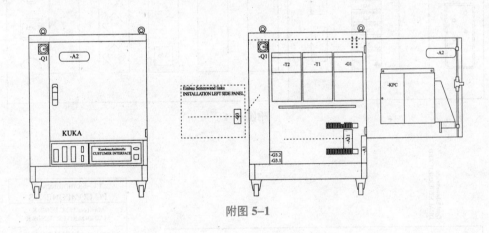

附图 5-1

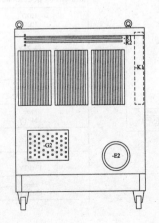

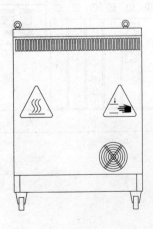

附图 5-2

Draufsicht
TOP VIEW

Schrankboden
CABINET BOTTOM

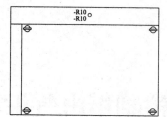

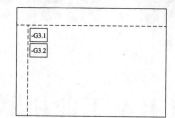

附图 5-3

Ansicht von Aussen
VIEW OUTSIDE

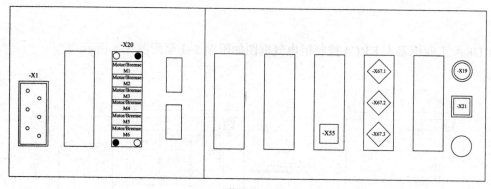

附图 5-4

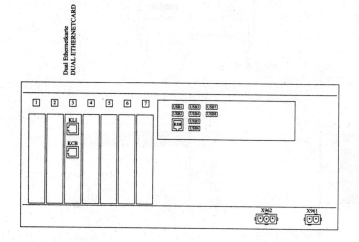

| PC-Komponenten PC-COMPONENTS |
| --- |
| Mainboard FSC D2608-K MAINBOARD FSC D2608-K |
| Speichermodul RAM 2x512 MB MEMORY MODULE RAM 2X512 MB |
| HDD HDD |
| ohne EMPTY |
| ohne EMPTY |
| Dual_Ethernet DUAL_ETHERNET |
| ohne EMPTY |
| ohne EMPTY |
| ohne EMPTY |
| ohne EMPTY |

附图 5-5

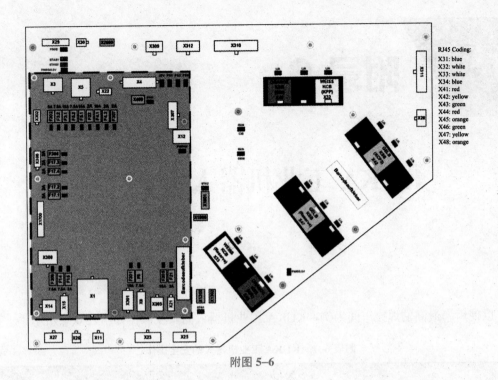

附图 5-6

# 附录 **6**

# KUKA 工业机器人安全操作

以使用率最高的焊接车间为例，KUKA 工业机器人的安全操作如附表 6-1 所示。

附表 6-1　KUKA 工业机器人的安全操作

| 序号 | 危险源辨识与分析 | 安全操作方法和严禁事项 | 实施时间 |
|---|---|---|---|
| 1 | 检查各种安全保护装置是否可靠 | 检查各轴限位开关、防撞装置是否良好 | 送电前 |
| 2 | 检查水、气、油是否有泄漏 | 检查水管、气管是否有跑、漏现象；各轴润滑点处是否有漏油，要及时清理并按环保要求做好废弃物的处理 | 送电前 |
| 3 | 各接线盒接线端子紧固，无松动，无短接；接线盒盖紧固，无松动 | 检查接线端子的紧固情况，如有松动，应及时用螺钉旋具紧固；同时紧固接线盒盖，防止在机器人运行中脱落 | 送电前 |
| 4 | 放大器接线端子紧固可靠，无松动、掉线 | 在送电前，应仔细检查各轴放大器的接线端子是否紧固、可靠，如有松动，应及时进行处理，以防止运行中因接触不良出现打火、跳停等现象 | 送电前 |
| 5 | 编码器插头坚固可靠、护套完好 | 编码器安装后，要确保编码器插头紧固可靠，护套完好。防止有水、油等杂质渗漏到编码器中，造成编码器损坏 | 送电前 |
| 6 | 编码器中心值正确 | 认真检查各轴编码器的中心值是否正确，以防止出现程序偏差 | 启动前 |
| 7 | 控制柜制冷机运行良好，过滤网清洁 | 确保各控制柜制冷机运行良好，过滤网清洁，以保证运行中控制柜的制冷效果 | 启动前 |
| 8 | 启动前，本体处于原位 | 系统启动前，要保证本体处于原位，以保证设备安全；如本体未处于原位，应以手动操作，将本体运行到原位，再通过自动挡启动 | 启动前 |

续表

| 序号 | 危险源辨识与分析 | 安全操作方法和严禁事项 | 实施时间 |
|---|---|---|---|
| 9 | 运行中，本体没有异响 | 运行中，应由专业维修人员仔细观察本体的运行状态，确保无机械异响，保证润滑点的良好润滑 | 运行中 |
| 10 | 库卡机器人气缸无窜气、消声器堵死等现象 | 运行中，确保 KUKA 气缸无窜气现象，消声器良好，活塞运动灵活 | 运行中 |
| 11 | KUKA 二轴丝杠清洁，无油污 | 检修中，仔细检查 KUKA 各轴丝杠，确保无杂质、无油污，保证其传动良好 | 检修中 |
| 12 | 备用控制柜、示教盒等设备附件完整、良好 | 示教盒应按正确位置悬挂，按钮、开关等完好，无损坏。备用控制柜内备件完整，控制柜运行良好 | 检修中 |
| 13 | 各机器人程序可靠，并及时备份 | 确保机器人程序的可靠性，在对程序进行更改后，要及时备份，以保证设备的有效运行 | 检修中 |
| 14 | 各轴电动机、编码器皮带紧固可靠 | 仔细检查各轴电动机、编码器皮带，保证其紧固、可靠，以保证运行中的良好运转，防止因皮带松动造成的电动机损坏 | 检修中 |
| 15 | 电缆排、KUKA 弹簧电缆完好、无断裂 | 检修中，仔细检查电缆排及 KUKA 机器人的弹簧电缆，确保完好、无断裂，以防止运行中出现停机现象，确保运行良好 | 检修中 |
| 16 | KUKA 各轴护套无断裂 | 确保 KUKA 各轴护套完好，无断裂，以保证各轴机械完好 | 检修中 |

# 附录 7

# EFORT 工业机器人常见故障代码查询表

错误与轴组运动状态管理及编码器数据管理等相关错误信息列表如附表 7-1 所示。

附表 7-1  错误与轴组运动状态管理及编码器数据管理等相关错误信息列表

| 错误代码 | 错误分析 | 解决方法 |
|---|---|---|
| 1000 | 错误消息队列缓冲区已满，不能再压入新的错误及报警消息 | 请解决并复位清除出现的错误及报警消息 |
| 1001 | 系统内部错误，超时错误。机器人联机调试时，由于下断点等情况导致单步执行时间太长而引起的内部错误 | 系统内部调试错误，按【清除】键复位错误即可 |
| 1002 | 逆向运动学计算错误，可能由于除零等错误导致的异常 | 系统内部严重错误，请联系 EFORT 工程师解决 |
| 1003 | 插补程序不能正常完成读取配置参数，配置参数可能有项目配置异常 | 请检查配置文件中的参数配置是否有异常项 |
| 1004 | 编码器数据读取时存在错误 | 请检查编码器连线是否正确，是否正确地配置了编码器读取模式 |
| 1005 | 在记录零位数据时，编码器数据读取存在错误 | 请检查编码器连线是否正确，是否正确地配置了编码器读取模式 |
| 1006 | 机器人零位文件创建失败，读、写文件异常 | 有可能其他进程正在使用该文件，请复位系统错误后再进行该操作 |
| 1007 | 报警消息：关节轴寻参出现问题，关节轴未寻参或在读取绝对值编码器时出现错误，导致机器人零点数据丢失。此外，机器人在搬运时将位姿压得较低，导致关节超出运动范围，此时机器人也会认为寻参数据错误，寻参点数据丢失。未寻参的情况下只能进行关节点动运动，而不能进行笛卡儿坐标系下的运动 | 将机器人运动到指定的关节范围之内，尝试重新读取绝对值编码器数据。如果零点数据确实丢失或无效，重新标定机器人零点 |

续表

| 错误代码 | 错误分析 | 解决方法 |
|---|---|---|
| 1008 | 驱动器上下伺服出现异常，驱动器未能正常接通或断开伺服电源（驱动器或控制器异常错误），当通过三段开关频繁上下伺服的时候可能会出现这种情况 | 复位错误消息后，尝试在等待几秒钟的时间延时后再次伺服电源接通 |
| 1009 | 控制器在获取驱动器状态时出现异常 | 按【清除】键复位该错误消息即可，如果出现异常频繁，可尝试重新启动系统 |
| 1010 | 驱动器轴报警，轴伺服驱动器出现异常。请对照驱动器的报警列表查看驱动器的具体报警原因 | 请复位驱动器的错误，如果【清除】键不能取消该错误报警，请重启系统 |
| 1011 | 驱动器跟随误差超出运动控制器的允许极限。驱动器 PID 参数设置不当导致运动异常，或者用户配置的运动加减速参数设置异常 | 请重新设置或调整驱动器的参数，使得增益及刚度等参数满足实际的硬件要求。或者重新调整运动学的加减速等动力学极限参数 |
| 1012 | 驱动器正限位超出极限，错误原因主要是由于 PLC 配置参数出现异常（内部错误）。软件中已在运动层对运动范围进行了限制 | 请在 PLC 轴配置时将正负限位参数关闭，不使用 PLC 级别的正负限位 |
| 1013 | 驱动器负限位超出极限（错误原因同上） | 解决方法同上 |
| 1014 | 控制器 GT 指令执行异常，内部错误 | 复位该报警消息即可，如果频繁出现，可尝试重新启动系统 |
| 1015 | 如果插补程序运行异常中止，出现原因可能和动力学参数以及驱动器参数设置异常有关，由于驱动器和控制器报错，导致运动异常中止，而出现此错误。其他情况下出现此错误可忽略不计，例如运动模式切换、手动上下伺服等 | 运动异常中止的情况下要考虑重新调整驱动器参数或运动的动力学参数。其他情况下报错只需复位一下消息按钮即可 |
| 1016 | 驱动器错误，1008～1014 号错误都可能会附带的引起该报警错误，将相应的错误解决即可 | 驱动器相关错误，将相应的驱动器报警错误解除即可 |
| 1017 | 系统内部硬件参数读取故障 | 尝试给系统重新上电，重新启动系统即可 |

配置文件相关错误信息列表如附表 7–2 所示。

附表 7–2　配置文件相关错误信息列表

| 错误代码 | 错误分析 | 解决方法 |
|---|---|---|
| 1100 | 系统内部错误 | 请尝试按【清除】按钮复位该错误 |
| 1101 | 配置文件参数出现错误，导致配置文件数据不可用；此外联机断点运行程序时也可能会报告此错误 | 请检查配置文件的参数配置是否出现错误 |
| 1102 | 运动学插补轴数目配置错误（"规划轴数"参数对六轴机器人来说应该配置为 6） | 联动插补的运动学轴的数目必须限制在轴 2～6 |
| 1103 | 辅助轴数目配置错误（"辅助轴数"参数配置） | 辅助轴数目最大设置为 2，如果不使用，则需要设置为 0 |
| 1105 | 机器人 DH 结构模型参数设置错误，DH 配置页面的 P1～P13 参数 | 请根据机器人的模型结构正确地设置 DH 参数 |

| 错误代码 | 错误分析 | 解决方法 |
|---|---|---|
| 1106 | 关节减速比分子设置错误：减速比分子过于接近零 "减速比（分子）"参数 | 请不要将关节减速比分子分母设置为0 |
| 1107 | 关节减速比分母设置错误：减速比分母过于接近零 "减速比（分母）"参数 | 请不要将关节减速比分子分母设置为0 |
| 1108 | 电机极限速度设置错误，电机极限转速必须大于零，且小于6 000 r/min "电机最大转速"参数 | 请将每个轴的电机转速最大极限设置在规定的范围内 |
| 1109 | 电机报警速度百分比参数设置错误：报警速度百分比必须大于1（1%），并且小于电机的极限速度百分比参数。"电机速度比（报警）"参数 | 请将报警速度百分比参数设置在规定的范围之内 |
| 1110 | 电机转动一圈时所对应的增量式编码器位置数据设置错误（电机转动一圈通过 GT_GetEncPos 可获得该增量式脉冲位置数据） | 请将如下参数设置为大于0：电机反馈脉冲（p/r） |
| 1111 | 电机转动一圈时所对应的绝对式编码器位置数据设置错误（电机转动一圈通过串口通信等可获得该绝对式编码器数据），该值与绝对式编码器的位数对应 | 请将如下参数设置为大于0：绝对编码器线数 |
| 1112 | 运动学范围限制是否使用及单位设置是否正常 | 请正确设置运动学范围参数的单位 |
| 1113 | 运动学极限范围设置错误 | 请根据错误提示信息正确地设置该参数 |
| 1114 | 运动学极限范围设置错误：运动学极限安全偏置值 | 请根据错误提示信息正确地设置该参数 |
| 1115 | 运动学极限范围设置错误：运动学极限安全偏置值 | 请根据错误提示信息正确地设置该参数 |
| 1116 | 关节是否使用及关节单位配置是否正确，六轴关节机器人必须使用轴1到轴6共6个轴，"关节运动单位"参数 | 不能将6个轴中的任何一个设置为不使用 |
| 1117 | 6轴的极限位置设置错误，关节运动上限–关节运动上限偏置≥关节运动下限+关节运动下限偏置 | 请正确设置轴的极限位置及安全偏置值 |
| 1118 | 6个轴的安全偏置值必须大于0 | 请将参数 "关节运动下限偏置"设置为大于0 |
| 1119 | 6个轴的安全偏置值必须大于0 | 请将参数"关节运动上限偏置"设置为大于0 |
| 1120 | 关节紧急刹车减速度参数设置错误，该参数必须限制在0到6PI r/s$^2$（即1 080°/s$^2$）之内 | 请将紧急刹车参数 "关节运动紧急停止减速度"设置在正确地范围之内 |
| 1122 | 关节点动速度百分比参数限制在电机极限速度的0.5倍之内，防止用户点动速度过快。例如电机速度3 000 r/min，减速比100，电机极限速度设置为95，则关节点动最大速度限制在：<br>3 000×0.95×360/60/100×0.5 | 请设置正确地关节点动速度。"关节运动速度上限（JOG）"参数 |

续表

| 错误代码 | 错误分析 | 解决方法 |
|---|---|---|
| 1123 | 关节点动加减速被限制在 0°～360°/s² 之间，并且点加减速小于关节紧急刹车时的减速度值 | 请正确设置关节点动运动加减速参数。"关节运动加减速度（JOG）"参数 |
| 1124 | 关节 PTP 运动（MOVJ）的速度必须大于 0，且限制在极限速度范围内，例如电机转速 3 000 r/min，极限速度设置为 95%，减速比 100，则 PTP 的最大速度限制在：<br>3 000×0.95×360/60/100 | 请正确地设置 MOVJ 指令最大速度"关节运动速度上限（MOVJ）"参数 |
| 1125 | 关节 PTP 运动（MOVJ 指令）的加速度值，该值在角度单位下限制在 0～1 080 | 请正确设置"关节运动加速度（MOVJ）"参数 |
| 1126 | 关节 PTP 运动（MOVJ 指令）的减速度值，该值在角度单位下限制在 0～1 080 | 请正确设置"关节运动减速度（MOVJ）"参数 |
| 1127 | 笛卡儿空间单位设置错误，笛卡儿空间前三维为沿 $X$、$Y$、$Z$ 方向的移动运动，后三维为绕 $X$、$Y$、$Z$ 的旋转运动 | 请正确设置 "笛卡儿空间单位"参数 |
| 1128 | 笛卡儿空间运动范围设置错误，以下条件必须满足：<br>笛卡儿运动上限–笛卡儿运动上限偏置≥笛卡儿运动下限+笛卡儿运动下限偏置 | 请正确设置笛卡儿空间运动范围参数 |
| 1129 | "笛卡儿运动下限偏置"<br>参数设置错误，该参数必须大于 0 | 请正确设置：<br>"笛卡儿运动下限偏置"参数 |
| 1130 | "笛卡儿运动上限偏置"<br>参数设置错误，该参数必须大于 0 | 请正确设置：<br>"笛卡儿运动上限偏置"参数 |
| 1131 | 内部错误，暂未开放该参数 | |
| 1132 | 内部错误，暂未开放该参数 | |
| 1133 | 笛卡儿空间运动 MOVP 指令紧急刹车减速度参数设置错误：前三维移动运动参数"笛卡儿运动紧急停止减速度"被限制在 0～5 000，后三维旋转运动在弧度单位下被限制在 0～4PI（角度单位下在 0～720） | 请正确设置：<br>"笛卡儿运动紧急停止减速度"参数 |
| 1134 | 笛卡儿空间点动运动的速度参数设置错误："笛卡儿运动速度上限（JOG）"在前三维移动分量必须限制在 0～250，在弧度单位下后三维旋转分量必须限制在 0～PI/6（角度单位下在 0～30°） | 请正确设置：<br>"笛卡儿运动速度上限（JOG）"参数 |
| | 分量必须限制 0～2 000，在弧度单位下后三维旋转分量必须限制在 0～2PI（角度单位下在 0～360°） | |
| 1136 | 笛卡儿空间 PTP 运动的速度参数设置错误："笛卡儿运动速度上限（MOVP）"在前三维移动分量必须限制在 0～4 000，在弧度单位下后三维旋转分量必须限制在 0～2PI（角度单位下在 0～360°） | 请正确设置："笛卡儿运动速度上限（MOVP）"参数 |

续表

| 错误代码 | 错误分析 | 解决方法 |
|---|---|---|
| 1137 | 笛卡儿空间 PTP 运动的加速度参数设置错误："笛卡儿运动加速度（MOVP）"在前三维移动分量必须限制在 0～4 000，在弧度单位下后三维旋转分量必须限制在 0～2PI（角度单位下在 0°～360°） | 请正确设置："笛卡儿运动加速度（MOVP）"参数 |
| 1138 | 笛卡儿空间 PTP 运动的减速度参数设置错误："笛卡儿运动减速度（MOVP）"在前三维移动分量必须限制在 0～4 000，在弧度单位下后三维旋转分量必须限制在 0～2PI（角度单位下在 0°～360°） | 请正确设置："笛卡儿运动减速度（MOVP）"参数 |
| 1139 | CP 连续运动的紧急刹车减速度参数设置错误，该参数必须设置为大于零且小于 2 500 | 请正确设置："CP 运动紧急停止减速度"参数 |
| 1140 | CP 连续运动的最大移动速度要求设置 在 0～2 000（单位为 mm/s） | 请正确设置 CP 连续运动的最大移动速度："CP 运动速度上限" |
| 1141 | CP 连续运动的最大移动加速度要求设置在 0～2 000（mm/s²） | 请正确设置 CP 连续运动的最大移动加速度："CP 运动加速度" |
| 1142 | CP 连续运动的最大移动减速度要求设置在 0～2 000（mm/s²） | 请正确设置 CP 连续运动的最大移动减速度："CP 运动减速度" |
| 1143 | CP 连续运动的最大紧急刹车加速时间参数设置错误，该参数要求设置在 0～50（单位为 ms），一般建议设置为 10 左右 | 请正确设置 CP 连续运动的紧急刹车用加速时间参数："CP 运动紧急停止加速时间" |
| 1144 | CP 连续运动时旋转分量进行紧急刹车时的紧急刹车减速度参数设置错误，在弧度单位下，该参数要求设置在 0～3PI（角度单位下为 0～540） | 请正确设置 CP 连续运动的旋转分量紧急刹车减速度参数："CP 运动紧急停止减速度（姿态）" |
| 1145 | CP 连续运动时旋转分量的旋转速度参数设置错误，在弧度单位下，该参数要求设置在 0～2PI 之间（角度单位下位 0～360°） | 请正确设置 CP 连续运动的旋转分量速度参数："CP 运动速度上限（姿态）" |
| 1146 | CP 连续运动时旋转分量的旋转加速度参数设置错误，在弧度单位下，该参数要求设置在 0～2PI（角度单位下位 0～360°）之间（角度单位下位 0～360°），而且小于"CP 运动紧急停止减速度（姿态）" | 请正确设置 CP 连续运动的旋转分量加速度参数："CP 运动加速度上限（姿态）""CP 运动减速度上限（姿态）" |
| 1148 | CP 连续运动时旋转分量进行同步插补时的加速时间参数设置错误，该参数要求设置在 10～200 之间（单位为 ms） | 请正确设置 CP 连续运动的姿态分量的加速时间参数："CP 运动加速时间（姿态）" |
| 1149 | CP 连续运动平滑段过渡段的速度参数设置错误，该参数的设置范围为 0.0～100.0。该参数设置得越高，则 CP 的平滑过渡段速度越快 | 请正确设置 CP 连续运动平滑过渡段的速度参数："CP 运动过渡段速度比" |
| 1150 | 用户配置的循环时间参数设置错误，该参数要求设置为大于 0，且根据插补任务的扫描周期（常规设置为 4 ms）设置为相应的数值（2 或 4） | 请正确设置配置文件中的："插补周期"参数 |

续表

| 错误代码 | 错误分析 | 解决方法 |
| --- | --- | --- |
| 1151 | 系统内部参数设置错误,系统内部使用的常量有可能被用户意外的修改 | 出现此问题请联系 EFORT 工程师 |
| 1152 | 系统根据配置文件进行正向运动学计算出现错误 | 请检查配置参数是否有异常项 |

运动插补常规错误代码如附表7-3所示。

附表7-3　运动插补常规错误代码

| 错误代码 | 错误分析 | 解决方法 |
| --- | --- | --- |
| 1200 | 运动过程超出工作空间(笛卡儿运动范围、轴关节运动范围、运动学极限范围等) | 在界面主菜单中单击【机器人】—【异常处理】—【返回工作空间】,手动使关节运动返回到工作空间范围之内 |
| 1201 | 关节在运动过程中速度超出电机最大极限百分比设置的极限速度,电机根据配置文件中的配置参数进行紧急刹车操作至停止运动 | 因为电机已紧急刹车停止,速度已返回规定范围之内,此时只需复位此错误即可,修改程序或配置文件,避免电机速度再次超出极限速度 |
| 1202 | 插补程序从主任务接收过来的运动模式不能识别(系统内部错误) | 出现该问题请联系 EFORT 工程师解决 |
| 1203 | 内部调试错误 | 内部调试错误,发布版不会出现该错误 |
| 1204 | 内部调试错误 | 内部调试错误,发布版不会出现该错误 |
| 1205 | 系统内部错误,坐标系统切换出现异常 | 请联系 EFORT 工程师解决该问题 |
| 1206 | 系统内部错误,正向运动学计算出现错误 | 请联系 EFORT 工程师解决该问题 |
| 1207 | 系统内部错误:机器人在笛卡儿坐标系下运动时,只允许在一种姿态下运动,不允许姿态切换(正腕、反腕、左膀、右膀、上臂、下臂等模式的切换) | 请保证示教轨迹姿态的合理性。若报警信息显示为非姿态错误,请联系 EFORT 工程师解决 |
| 1208 | 六轴关节机器人的奇异点错误:六轴机器人的第五关节处于水平状态,导致四轴和六轴中心共线,在这种情况下,机器人失去了一个运动自由度,导致运动异常,此时不能在笛卡儿坐标系下进行运动 | 请正确设置轨迹位置点,避免奇异点在笛卡儿轨迹运动过程中出现 |
| 1210 | 系统内部错误,系统内部平滑滤波器参数被意外更改 | 请联系 EFORT 工程师解决该问题 |

点动 Jog 运动时出现的错误如附表7-4所示。

附表7-4　点动 Jog 运动时出现的错误

| 错误代码 | 错误分析 | 解决方法 |
| --- | --- | --- |
| 1300 | 关节点动运动的速度百分比参数被设置为超过 100%,该参数必须设置在 0~100 | 请正确设置点动百分比参数 |
| 1301 | 笛卡儿坐标系下的姿态运动异常,可能导致姿态运动不连续 | 请检查配置文件中的 Cart 模式下的点动参数 |

PTP 运动时出现的错误及异常如附表 7-5 所示。

附表 7-5　PTP 运动时出现的错误及异常

| 错误代码 | 错误分析 | 解决方法 |
| --- | --- | --- |
| 1400 | PTP 模式下（MOVJ 和 MOVP 指令）不允许速度百分比参数超过 100% | 请正确设置 PTP 运动指令 |
| 1401 | 笛卡儿坐标系下的姿态运动异常，可能导致姿态运动不连续 | 请检查配置文件中的 Cart 模式下的参数及 MOVP 指令的运动参数 |
| 1402 | 笛卡儿坐标系下 MOVP 指令的正向运动学计算出现错误 | 请联系 EFORT 工程师解决该问题 |
| 1403 | 此参数暂未开放 | |
| 1404 | MOVP 指令及 MOVJ 指令的运动速度必须设置在 0.0～100.0 | 请正确设置 MOVP 指令及 MOVJ 指令的速度参数 |
| 1405 | MOVP 指令及 MOVJ 指令的运动加速度必须设置在 0.0～100.0 | 请正确设置 MOVP 指令及 MOVJ 指令的加速度参数 |
| 1406 | MOVP 指令及 MOVJ 指令的运动减速度必须设置在 0.0～100.0 | 请正确设置 MOVP 指令及 MOVJ 指令的减速度参数 |
| 1407 | MOVP 指令及 MOVJ 指令的加速时间参数设置错误，该参数必须大于相应的紧急刹车时的加速时间参数。MOVJ 指令对应于："关节紧急刹车加速时间"参数，MOVP 指令对应于："笛卡儿运动紧急停止加速时间"参数 | 请设置正确的加速时间参数 |

CP 连续运动时出现的错误及异常如附表 7-6 所示。

附表 7-6　CP 连续运动时出现的错误及异常

| 错误代码 | 错误分析 | 解决方法 |
| --- | --- | --- |
| 1500 | CP 模式下（MOVL 和 MOVC 指令）不允许速度百分比参数超过 100% | 请正确设置 CP 运动指令 |
| 1501 | 系统内部错误，连续处理的 CP 段总长度过长 | 请联系 EFORT 工程师解决该问题 |
| 1502 | CP 指令的平滑过渡段所占 CP 指令的长度异常，系统内部错误 | 请联系 EFORT 工程师解决该问题 |
| 1503 | CP 指令的平滑过渡段参数设置错误，平滑过渡段参数必须大于等于 0 | 请正确设置 CP 运动指令 |
| 1504 | CP 运动指令的加速时间参数设置错误。CP 指令的加速时间必须大于"CP 运动紧急停止加速时间"参数 | 请正确设置 MOVP 指令及 MOVJ 指令的加速时间参数 |
| 1505 | CP 运动指令速度参数设置错误，MOVL 指令及 MOVC 指令的运动速度必须设置在 0.0～100.0 | 请正确设置 MOVL 指令及 MOVC 指令的速度参数 |
| 1506 | CP 运动指令加速度参数设置错误，MOVL 指令及 MOVC 指令的运动加速度必须设置在 0.0～100.0 | 请正确设置 MOVL 指令及 MOVC 指令的加速度参数 |
| 1507 | CP 运动指令减速度参数设置错误，MOVL 指令及 MOVC 指令的运动减速度必须设置在 0.0～100.0 | 请正确设置 MOVL 指令及 MOVC 指令的减速度参数 |

续表

| 错误代码 | 错误分析 | 解决方法 |
|---|---|---|
| 1508 | 在进行 CP 指令之前出现其他错误，请先解决出现的其他异常错误 | 请避免在 CP 运动之前出现其他错误 |
| 1509 | 系统内部错误 | 请联系 EFORT 工程师解决该问题 |
| 1510 | CP 路径平滑系数参数设置错误：系统内部错误 | 请联系 EFORT 工程师解决该问题 |
| 1511 | CP 指令执行时正向运动学计算出现错误 | 请联系 EFORT 工程师解决该问题 |
| 1512 | CP 队列已满，CP 队列无法再插入新的 CP 指令，连续出现的 CP 指令过多 | 请尝试插入一条 MOVJ 指令或 MOVP 指令来中断及清空当前 CP 指令队列 |
| 1513 | MOVC 指令参数错误，所给定的三个点不能构成一个圆 | 请尝试重新给定圆弧参数的另外两个点 |

坐标系管理及工具管理出现的错误及异常如附表 7-7 所示。

附表 7-7　坐标系管理及工具管理出现的错误及异常

| 错误代码 | 错误分析 | 解决方法 |
|---|---|---|
| 1600 | 坐标系赋值错误，坐标系索引号必须在 0~10，包括 0 和 10 | 请正确设置坐标系索引号 |
| 1601 | 坐标系数据点记录不完整，P1、P2、P3 或（和）O0 点中的一个或多个未记录 | 请在计算坐标系数据之前先记录所需的位置点数据 |
| 1602 | O0 位置点记录异常，请重新记录 O0 位置点数据 | 请重新记录 O0 位置点 |
| 1603 | P1 位置点记录异常，重新记录 P1 位置点数据 | 请重新记录 P1 位置点 |
| 1604 | P2 位置点记录异常，请重新记录 P2 位置点数据 | 请重新记录 P2 位置点 |
| 1605 | P3 位置点记录异常，请重新记录 P3 位置点数据 | 请重新记录 P3 位置点 |
| 1606 | 机器人坐标系数据文件打开或建立错误，可能有其他进程在使用此文件 | 请复位该错误，如果频繁出现该错误，请尝试关闭系统再重新上电打开系统 |
| 1607 | 坐标系数据文件读取时出现异常 | 请复位该错误。若该错误频繁出现并不可解决，请尝试重新启动系统 |
| 1608 | 示教的 P1、P2、P3 或 O0 等靠得足够近，不能由此计算出示教的坐标系 | 请根据错误提示信息重新示教并记录位置点数据 |
| 1609 | 示教记录的位置点 P1、P2、P3、P4、P5、P6 等位置点之间靠得足够近，程序不能根据示教的位置点数据精确的计算出工具坐标系数据 | 请根据错误提示信息重新示教记录相关的位置点数据 |
| 1610 | P1 位置点记录异常，重新记录 P1 位置点数据 | 请重新记录 P1 位置点 |
| 1612 | P3 位置点记录异常，请重新记录 P3 位置点数据 | 请重新记录 P3 位置点 |
| 1613 | P4 位置点记录异常，请重新记录 P4 位置点数据 | 请重新记录 P4 位置点 |
| 1614 | P5 位置点记录异常，请重新记录 P5 位置点数据 | 请重新记录 P5 位置点 |
| 1615 | P6 位置点记录异常，请重新记录 P6 位置点数据 | 请重新记录 P6 位置点 |
| 1616 | 示教点记录不全，请记录需要的位置点数据，请根据示教方法记录 P1、P2、P3、P4、P5、P6 等位置点 | 请记录需要的位置点数据 |

操作相关错误如附表 7-8 所示。

附表 7-8 操作相关错误

| 错误代码 | 错误分析 | 解决方法 |
|---|---|---|
| 2001 | 程序内容指令查询列表错误 | 请检查程序文件，是否有不符合格式，不能正常打开数据 |
| 2002 | 没有位置变量，没有保存点 | 检查位置点，重新记录需要的位置点信息 |
| 2003 | 程序文件执行错误或者是 Call 文件存在重复调用 | 检查程序文件有误或者是空文件 |
| 2004 | NOP 前不允许操作 | NOP 前不允许插入行，请重新选择要插入行 |
| 2005 | 插入程序点时，检测到不合法 | 检查参数重新操作 |
| 2006 | 程序文件执行过程中需要复位 | 模式旋钮悬到示教模式，单击手持操作示教器上【取消】键取消错误 |
| 2007 | 程序文件编辑失败 | 示教编辑失败，请重新执行操作 |
| 2008 | 程序文件插入行错误 | 插入参数不合法，请重新操作 |
| 2009 | 程序文件删除行错误 | 程序文件行不允许删除，请重新操作 |
| 2010 | 程序文件修改错误 | 程序文件不允许修改或者修改时输入参数有误，请重新操作 |
| 2011 | 没有找到程序文件名字 | 程序文件名字不存在 |
| 2013 | 插入、删除或者修改程序点时选中的 ID 不允许执行此操作 | 请选择其他行操作 |
| 2014 | 程序点不允许被选中 | NOP 或者 END 行不允许被选中，请选择其他行操作 |
| 2015 | 模式错误，示教手持操作示教器不能正常读取模式信息 | （1）模式旋钮 IO 接线错误；<br>（2）IO 功能模块不能正常工作 |
| 2016 | 参数为空 | 检查输入参数是否为空 |
| 2017 | 修改 ID 不等于选中 ID | 修改时，执行了行移动操作，修改的不是已选中行 |
| 2018 | 选择首行错误，首行不能为 0 | 首行不能为 NOP 行，请重新选择 |
| 2019 | 选择末行错误，没有选首行，或者是末行大于文件总长度 | 末行不能小于首行，末行不能大于文件总长度，请重新操作 |
| 2020 | 没有复制成功 | 没有选择首行和末行，请重新操作 |
| 2021 | 没有剪切成功 | 没有选择首行或者末行，请重新操作 |
| 2022 | 没有复制或者粘贴成功，缓冲区没有数据 | （1）没有选择首行或者末行；<br>（2）没有执行复制或者剪切操作缓冲区内没有数据；<br>（3）请重新操作 |

| 错误代码 | 错误分析 | 解决方法 |
|---|---|---|
| 2023 | 在新建、复制、重命名程序文件时，程序文件名称和已存在的文件重复命名 | 重新命名，使文件没有重复 |
| 2024 | 急停按钮被按下 | 如果想再次伺服使能，需把手持操作示教器和电控柜上的急停按钮旋开 |
| 2026 | 回放模式下没有找到主程序设置的示教文件 | 进入选择程序界面选择需要的程序再回放运行 |
| 2027 | 客户定义防碰撞 I/O 触发 | 检查防碰撞 I/O 是否被触发，确认触发后，如需继续操作机器人需要，进入【机器人】—【异常情况处理】界面下，取消报警 |
| 2032 | 要操作的位置型变量没有记录 | 请进入【变量】—【位置型变量】界面记录位置型变 |

# 附录 8

# EFORT 工业机器人常见故障处理方式

**1. 常见电柜故障处理**

机器人电柜常发生的故障主要是：电缆连接点处接触不良；继电器触点烧坏；主电上不上电；继电器板信号连接不正常；保险丝熔断等故障。对于这些问题主要的解决方法是查看电柜安装图纸，并用万用表进行检查，排除故障。

**2. 电柜上主电不动作**

电柜主电上不上去是：按下电柜"上主电"绿色按钮而继电器不吸合动作，同时上主电指示绿色灯不亮。解决办法：

首先查看电柜急停和示教盒急停是否按下，如果按下则释放急停后重新上主电。

急停正常则查看 K1、K2 两个继电器是否点亮，如果只有一个点亮则另外一个继电器触点烧坏，更换烧坏继电器；如果按住上主电按钮两个继电器都点亮而释放按钮继电器又回到原来状态，这时检查驱动器或示教盒是否有报警，有报警则清除报警后重新上主电；如果其他都正常还是无法上主电则为交流接触器损坏或是电路连接有问题，这时使用万用表对照图纸进行排查。

其他 K3 继电器有可能烧坏主电也上不去。

**3. 继电器触点烧坏**

电柜电路有四个继电器 K1、K2、A8、K4，其中 K1、K2 触点为急停用双回路用继电器，如果其中有一个不亮时肯定另外一个烧坏。A8 为报警指示驱动器报警指示继电器，一般DS8 指示灯不点亮时电柜伺服报警灯点亮，这时查看 PCB 继电器板 A1～A6 继电器对应的指示灯哪个被点亮，同时会看出对应的驱动器有报警，若 A8 继电器没有烧坏，清除驱动器报警后 DS8 就能点亮，如果不能使 DS8 点亮则更换 A8 继电器即可。K4 继电器为上主电用继电器，当按下上主电按钮 K4 没有反应则更换继电器查看，否则检查电路连线。

**4. 保险丝熔断**

电柜内有三个保险丝：继电器板上保险丝 F1、F2 和 FU1。

FU1 为控制电源用保险丝，通过检查 FU1 中保险丝底座红色指示灯是否会点亮来判断保险丝是否熔断，如果熔断则保险丝底座 FU1 的红色指示灯会点亮。在检查出保险丝熔断后更换保险丝，同时不要动作机器人，先检查线路是否有短路以致保险丝熔断，如果排查没有则正常使用就行，熔断可能是过冲电流导致的。

F1 保险为控制电源保险，当控制器或 24VP 没有电时为 F1 保险丝熔断，同时可通过查看指示灯 DS17 是否点亮，此时检查电路是否有与地短路的情况发生，排查完后更换 5A 的玻璃管保险丝即可。

F2 保险丝熔断后机器人抱闸无法打开，并且继电器旁边电源指示灯 DS9 不会点亮，此时解决方法同样检查电路连接情况，排除故障或确认无故障后更换 10A 保险丝即可。

5. 安全板故障

继电器板故障有保险丝熔断、继电器触点烧坏、发光二极管击穿、电阻烧坏、二极管击穿、虚焊等故障。

继电器板上保险丝熔断在上节有讲述。

继电器触点烧坏分为 B1～B6、A1～A6 两种情况。B1～B6 触点烧坏情况为继电器对应的发光二极管点亮，但是机器人运动的时候总是出现电机抱闸没打开而出现异响或驱动器过载现象，此时需要更换另外一块 PCB 板。A1～A6 继电器在报警的时候对应的发光二极管才会被点亮，此时继电器不点亮但是一直电柜门上伺服报警指示灯点亮，可以确认为 A1～A6 中的继电器有故障，此时需要更换另外一块 PCB 板。

有时其他抱闸都打开，但有时候其中有一个不会打开，驱动器总是出现过载报警，此时可以检查驱动器 CN3 端子是否接触不良。

6. 电缆连接点处接触不良

电缆接触不良可能在整个电柜的任何地方发生，这种情况下不好查找故障点，此处可以分为强电和弱点电路接触不良。最根本的解决办法是通过查看电气图纸，应用万用表来测量发现问题，发现后需要重新连接电路来排除故障。

主电路接触不良主要有在驱动器开抱闸后，驱动器显示面板上不会显示 8 的指示，如果是单台出现则检查此驱动器的主电路连接（R、S、T），如果所有的都是则检查在交流接触器前面的电路。有时驱动器会报警（例如 62 号报警），通过对应的报警信息确认后再排查解决。当有一台驱动器不能启动，而其他的正常时为驱动器的控制电（R、T）出现断路。

控制电路接触不良有很多种情况：

（1）有 IO 信号不能输入输出，先排除系统故障后检查对应的电路连线。

（2）驱动器报警显示号说明是电路连接有问题时检查对应的（R、S、T、U、V、W、编码器连线）电路连线。其中 UVW 和编码器连线需要连接到机器人本体，所走的线路较长容易出现断路及接触不良等问题，这种情况下需要分段排查故障，包括机器人电柜内连线、电柜到本体连线、本体连线。

（3）其他的电路连线，根据具体的实际发生的情况来排查。

7. 示教盒系统故障处理

示教盒显示报警故障，这种报警有可能是硬件故障，也可能是软件故障，但是示教盒显示报警都是通过软件来告知故障情况的。

示教盒报警信息的显示可以通过示教盒查看，示教盒显示故障报警一般是软件报警或故障。分析故障原因后可以采取相应的解决办法。